初歩から学ぶR ─統計分析─

赤間世紀●著

※ 本書で取り上げられているシステム名／製品名は、一般に開発メーカの登録商標／商品名です。
本書では、™および®マークを明記していませんが、本書に掲載されている団体／商品に対して、
その商標権を侵害する意図は一切ありません。
※ 本書で紹介しているURLや各サイトの内容は変更、削除される場合があります。

まえがき

　統計はもっとも重要な数学的手法のひとつである。実際、数学から科学、工学、経済学、医学などの多岐にわたる分野で統計が利用されている。よって、統計をマスターすることは実用上非常に重要である。

　しかし、統計の数学的基礎は難解である。また、実際の統計分析を行なうためには複雑な計算が必要である。このような点から、統計を使いこなせる人はそう多くないのが実情である。

　近年、多くの高度な統計ツールが開発され、コンピュータによって実用的な統計分析を行なうことが可能になった。その中でも最も注目されているのが「R」である。Rはフリーの統計ツールであり、その機能は統計分析の主要分野をカバーしている。

　よって、Rを使いながら統計の基礎を学ぶことは、初心者にとっては最適である。本書は題名のとおり「Rのやさしい入門書」であり、同時に統計学の基礎も学ぶことができる。さらに、Rによるかなり高度な統計分析についても扱う。本書を読むにあたっては、コンピュータの基本操作の知識のみあれば内容は十分理解できる。

　本書の構成は以下のとおりである。

　第1章では、まず、統計分析の重要性と概要を説明する。次に、本書で用いる統計ソフト「R」について紹介する。

　第2章ではRの基本を学ぶ。まず、Rのインストール方法を説明する。次に、基本操作やグラフの作成、プログラミングについて紹介する。本章を理解することによって、Rを利用することができる。

　第3章では確率と統計の基礎を説明する。まず、確率の基本事項を復習した後、確率変数と確率分布を説明する。また、乱数の概要も解説する。

第4章では統計分析を説明する。まず、基本統計量、すなわち代表値と散布度を解説する。次に、相関係数について解説する。

第5章では推測統計を説明する。まず、推測統計の基礎になる標本分布について説明する。次に、推定と検定をさまざまな実例を用いて解説する。

第6章では単回帰分析を説明する。まず、単回帰分析のモデルである線形回帰モデルを導入する。次に、最小二乗法と単回帰分析の評価について解説する。

第7章では重回帰分析を説明する。まず、重回帰分析のモデルである多変量回帰モデルを導入する。次に、最小二乗法の一般化と重回帰分析の評価について解説する。

第8章では時系列分析を説明する。まず、時系列分析のモデルである時系列モデルについて説明する。次に、主要な時系列モデル、すなわちAR、ARIMA、GARCHを紹介する。

本書は、Rを初歩から学びたい人や統計分析をコンピュータで学びたい人のために書かれている。また、大学などの統計学、計量経済学、コンピュータ関連の演習のテキストとしても利用できる。

赤間　世紀

もくじ

第1章　序論　1

1.1　統計分析　2
1.1.1　記述統計学と推測統計学　2
1.1.2　統計的手法　2
1.2　R　3
1.2.1　Rの歴史　4
1.2.2　Rの特徴　4

第2章　Rの基本　5

2.1　Rのインストール　6
2.1.1　インストール・ファイルの入手法　7
2.1.2　インストール手順　7
2.1.3　Rの起動　12
2.2　基本操作　13
2.2.1　利用形態　14
2.2.2　注意事項　16
2.2.3　コマンド実例　20
2.3　グラフの作成　39
2.3.1　プロット　40
2.3.2　ヒストグラム　44
2.3.3　その他のグラフ　46

2.4 プログラミング 55
 2.4.1 プログラム制御 55
 2.4.2 関数 58
 2.4.3 ファイル処理 60

第3章 確率と統計   65

3.1 確率 66
 3.1.1 確率の基礎概念 66
 3.1.2 確率の公理的定義 67
 3.1.3 条件付確率 68
3.2 確率変数と確率分布 69
 3.2.1 離散確率変数 69
 3.2.2 連続確率変数 70
 3.2.3 主な確率分布 72
3.3 乱数 86
 3.3.1 乱数の種類 86
 3.3.2 乱数と分布 86
 3.3.3 乱数の平均と標準偏差 89

第4章 統計分析   93

4.1 代表値 94
 4.1.1 平均 94
 4.1.2 中央値 95
 4.1.3 パーセンタイル 96
4.2 散布度 98
 4.2.1 分散 98
 4.2.2 標準偏差 99

　　　　4.2.3　範囲 ……………………………………………………… 99
　　　　4.2.4　変動係数 …………………………………………………… 99
　4.3　相関係数 …………………………………………………………… 102
　　　　4.3.1　相関関係 …………………………………………………… 102
　　　　4.3.2　相関係数 …………………………………………………… 103

第5章　推定と検定　　　　　　　　　　　　　　　109

　5.1　標本分布 …………………………………………………………… 110
　　　　5.1.1　標本抽出 …………………………………………………… 110
　　　　5.1.2　標本変量 …………………………………………………… 111
　5.2　推定 ………………………………………………………………… 113
　　　　5.2.1　点推定と区間推定 ………………………………………… 113
　　　　5.2.2　母平均の推定 ……………………………………………… 114
　　　　5.2.3　母分散の推定 ……………………………………………… 120
　　　　5.2.4　母比率の推定 ……………………………………………… 124
　5.3　検定 ………………………………………………………………… 127
　　　　5.3.1　仮説 ………………………………………………………… 127
　　　　5.3.2　母平均の検定 ……………………………………………… 128
　　　　5.3.3　平均値の差の検定 ………………………………………… 135
　　　　5.3.4　母分散の検定 ……………………………………………… 138
　　　　5.3.5　分散の差の検定 …………………………………………… 141

第6章　単回帰分析　　　　　　　　　　　　　　　147

　6.1　線形回帰モデル …………………………………………………… 148
　　　　6.1.1　回帰分析 …………………………………………………… 148
　　　　6.1.2　線形回帰モデルの定義 …………………………………… 149
　6.2　最小二乗法 ………………………………………………………… 150

6.2.1	最小二乗法の原理	150
6.2.2	回帰直線	152

6.3 単回帰分析の評価 …………………………… 158
 6.3.1 決定係数 …………………………… 159
 6.3.2 調整済み決定係数 …………………………… 160

第7章　重回帰分析　　163

7.1 多変量回帰モデル …………………………… 164
 7.1.1 重回帰分析 …………………………… 164
 7.1.2 多変量回帰モデルの定義 …………………………… 164

7.2 最小二乗法の一般化 …………………………… 168
 7.2.1 最小二乗法の行列表示 …………………………… 168
 7.2.2 最小二乗推定量 …………………………… 169

7.3 重回帰分析の評価 …………………………… 172
 7.3.1 決定係数 …………………………… 172
 7.3.2 調整済み決定係数 …………………………… 173

第8章　時系列分析　　177

8.1 時系列モデル …………………………… 178
 8.1.1 時系列データ …………………………… 178
 8.1.2 移動平均 …………………………… 179

8.2 AR …………………………… 180
 8.2.1 時系列データの統計量 …………………………… 180
 8.2.2 ARモデル …………………………… 187

8.3 ARIMA …………………………… 189
 8.3.1 ARMAモデル …………………………… 189
 8.3.2 ARIMAモデル …………………………… 190

8.4 GARCH ……………………………………………………… **193**
    8.4.1 　GARCHモデル ………………………………………… 193
    8.4.2 　時系列用パッケージ …………………………………… 194

付録　数表　　　　　　　　　　　　　　　　　　201

A.1 標準正規分布 ……………………………………………… 202
A.2 t分布 …………………………………………………………… 204
A.3 χ^2分布 ………………………………………………………… 207
A.4 F分布 ………………………………………………………… 209

索引 ……………………………………………………………………… 214
参考文献 ………………………………………………………………… 220

第1章 序論

第1章では、まず、統計分析の重要性と概要を説明する。次に、本書で用いる統計ソフト「R」について紹介する。

1.1 統計分析

統計学 (statistics) は、何らかの方法で集められた多くのデータからなる集団の性質を数学的に研究する分野である。現在、統計学は自然科学および社会科学の多くの分野で利用されている。

◆ 1.1.1 記述統計学と推測統計学

統計学の手法を用いて現象を解析することを**統計分析** (statistical analysis) という。実際、統計分析を用いることによってデータから有用な情報を得ることができる。このことは統計分析がいかに重要であるかを示している。

しかし、統計の数学的基礎は難解である。また、実際の統計分析を行なうためには複雑な計算が必要である。このような点から、統計を使いこなせる人はそう多くないのが実情である。

統計学には**記述統計学** (descriptive statistics) と**推測統計学** (inferential statistics) がある。記述統計学は、集団に属するすべてのデータを収集して、その集団の特徴を研究する統計学である。推測統計学は、集団から一部のデータを収集して、その集団の特徴を研究する統計学である。なお、データが多い場合には推測統計学が必要になる。

◆ 1.1.2 統計的手法

統計学にはさまざまな手法があるが、主なものは次のとおりである。

・基本統計量
・推定
・検定
・回帰分析
・時系列分析

基本統計量（basic statistic）は記述統計学の基本となるものであり、「代表値」と「散布度」がある。
　推定（estimation）と**検定**（test）は推測統計学の手法であり、推定は標本というデータから集団の性質を推定することである。検定は、標本からある仮説が正しいかどうかを判定することである。
　回帰分析（regression analysis）は、データから変数間の関係を直線や曲線に当てはめるものであり、「単回帰分析」と「重回帰分析」がある。
　時系列分析（time series analysis）は、時系列データがいかに動いているかを分析するものである。

　これらの手法は統計分析の基礎となるものであるが、本書では、これらの理論についても詳しく解説する。

1.2　R

　近年、多くの高度な統計ツールが開発され、コンピュータによって実用的な統計分析を行なうことが可能になった。その中でも最も注目されているのが「R」である。Rはフリーの統計ツールであり、その機能は統計分析の主要分野をカバーしている。

　Rはインターネットから入手可能なフリーソフトウェアである。RはWindowsやUNIXなどのさまざまなプラットフォームで動作し、強力な統計計算とグラフィックスの機能を持つ言語環境と考えられる。

　Rは最も汎用的な統計ツールであり、世界的にも幅広く利用されている。したがって、Rをマスターすることは、統計分析において意味のあることとも考えられる（Zeileis and Koenker (2008) 参照）。

◆ 1.2.1　Rの歴史

　Rは、GNUプロジェクト（GNU Project）のひとつとして、ニュージーランドのオークランド大学のイサカ（Ross Ithaka）とジェントルマン（Robert Gentleman）により1995年に開発された。なお、GNUプロジェクトとは、1983年にアメリカのMITで開始されたさまざまなフリーソフトを開発するプロジェクトである。

　Rは従来からあった有名な統計用言語「S」の影響を受けている。なお、Rという名前は、開発者（Ross、Robert）の名前のRが由来とされている。

　1995年にIthakaとGentlemanは、RをGNUのGPL（General Public License）に基づきリリースした。Rの最初の正式バージョンは2000年にリリースされ、その後、定期的にバージョンアップが行なわれている。

　また、2003年にはRの日本語化も始まり、日本語も使用できるようになっている。バージョンアップごとに機能とユーザー・インターフェイスが向上しているように思われる。なお、2011年3月現在のバージョンは2.12.1である。

◆ 1.2.2　Rの特徴

　Rは、次のような機能を持つ。

- ・データ操作
- ・統計分析
- ・グラフィックス
- ・プログラミング
- ・パッケージ

　Rでは、データ操作のための各種の演算がコマンドレベルで可能である。また、推定や検定などの統計分析も可能である。そして、技術計算の視覚化を行なうためのグラフィックスの機能もある。さらに、ユーザーはR言語によって新しい関数を定義し、Rを拡張することができる。最近では、さまざまな分野について、R言語で実装された多くのパッケージが開発されている。

第2章

Rの基本

第2章ではRの基本を学ぶ。まず、Rのインストール方法を説明する。次に、基本操作やグラフの作成、プログラミングについて紹介する。本章を理解することによって、Rを利用することができる。

2.1 Rのインストール

Rを利用するには、インストールファイルをインターネットから入手する必要がある。Rの公式Webページは、

http://www.r-project.org/

であり、「The R Project for Statistical Computing」という題が付けられている（図2.1）。

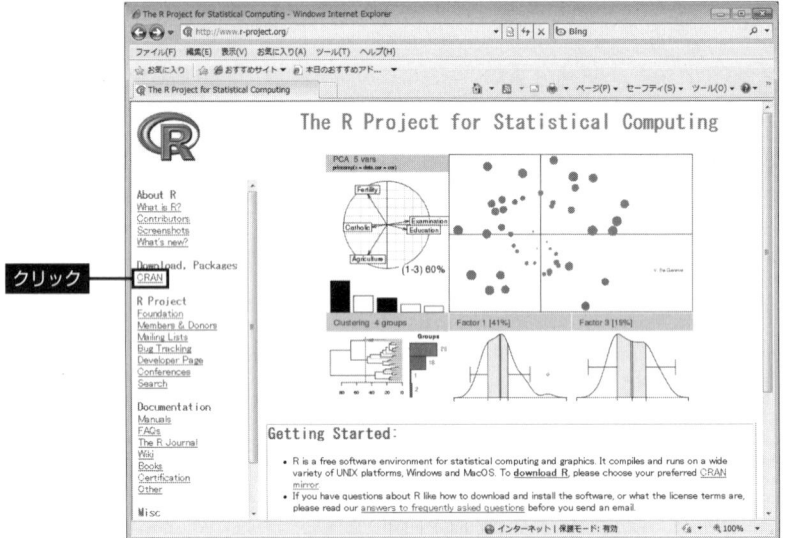

図2.1 「R」のホームページ

なお、Webページからは「R」の概要の紹介のほか、「R Project」やドキュメントなどのさまざまな情報を得ることができる。ここで左端の「Download」にある「CRAN」をクリックすると国別のサイト一覧が表示されるので、「Japan」を見る。そうすると、筑波大学のミラーサイト

http://cran.md.tsukuba.ac.jp/

が見つかる。このサイトからLinux、MacOS、Windows用のRが入手可能である。

◆ 2.1.1 インストール・ファイルの入手法

本書ではWindows用のRを利用するので、「Download and Install R」の「Windows」を選択する。次に「base」を選択すると、「R-2.12.1 for Windows」のページになる（図2.2）。

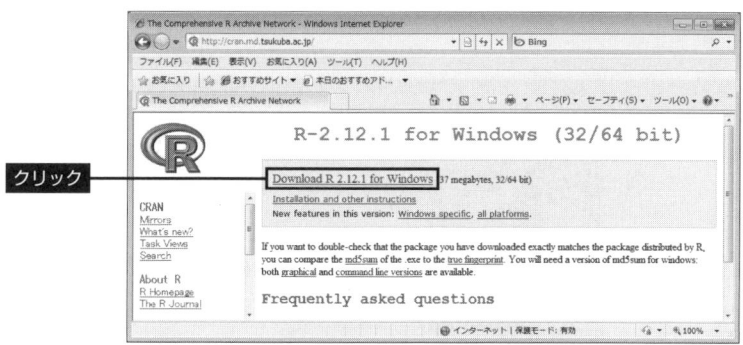

図2.2 ダウンロードページ

ここで「Download R 2.12.1 for Windows」をクリックすると、インストールファイル「R-2.12.1-win32.exe」のダウンロードが始まるので、適当なフォルダに保存する（図2.3）。

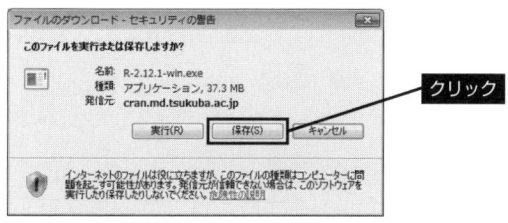

図2.3 Rのダウンロード

◆ 2.1.2 インストール手順

インストールファイルをダブルクリックすると、インストールが始まる。インストールの手順は、Windowsの他のアプリケーションと同様であるが、詳しく見てみよう。

まず、図2.4のように、インストール中に使用する言語に「English」を選択し、[OK]ボタンをクリックする[※1]。

※1 ここで「Japanese」を指定してもよいが、途中で表示が文字化けする。ただし、インストール自体には影響しない。

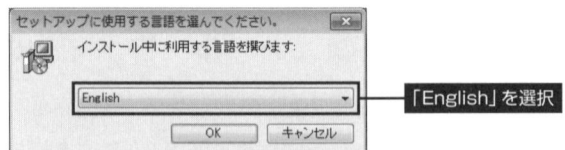

図2.4 使用言語の選択

そうすると、セットアップウィザードの初期画面が図2.5のように表示される。

図2.5 セットアップウィザード

[Next]ボタンをクリックすると、図2.6のように「ライセンスに関する注意書き」が表示される。

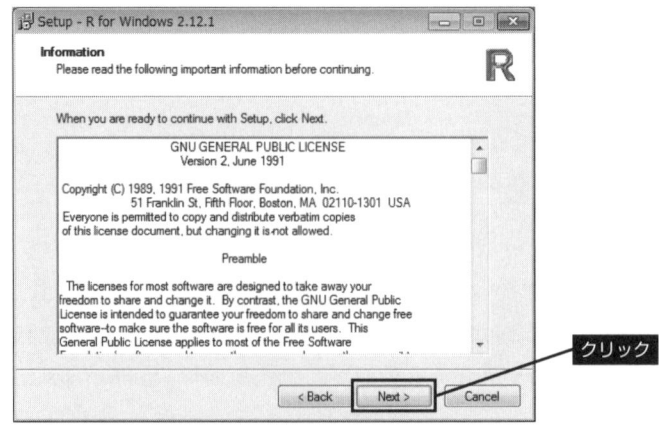

図2.6 セットアップウィザード

[Next]ボタンをクリックすると、図2.7のように「インストール先の指定」が表示されるので、適当なフォルダを指定する。

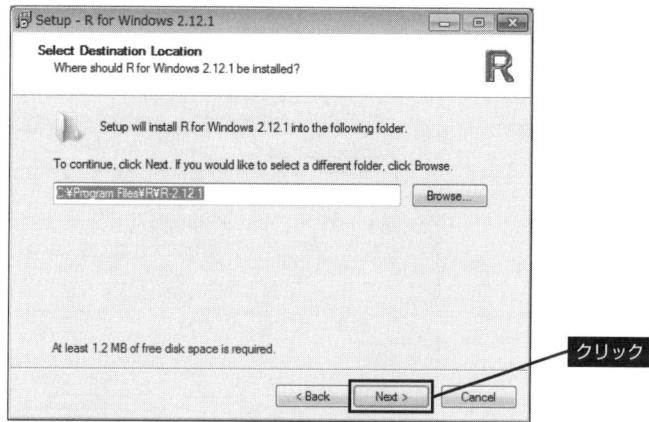

図2.7 インストール先の指定

[Next]ボタンをクリックすると、図2.8のように「コンポーネントの選択」が表示されるので、「利用者向けインストール」を選択する。

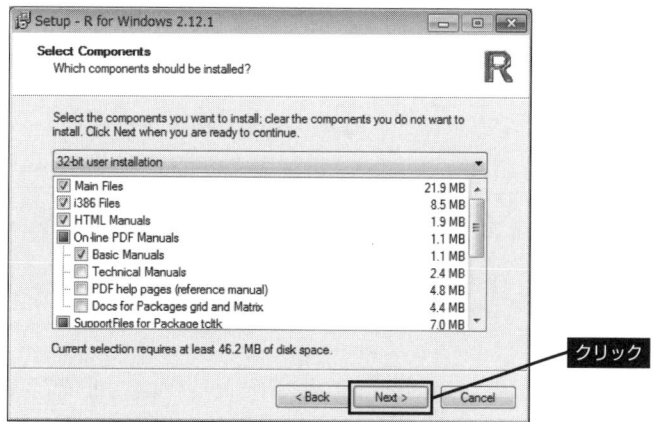

図2.8 コンポーネントの選択

[Next]ボタンをクリックすると、図2.9のように「起動時オプション」が表示されるので、「いいえ」（デフォルトのまま）を選択する。

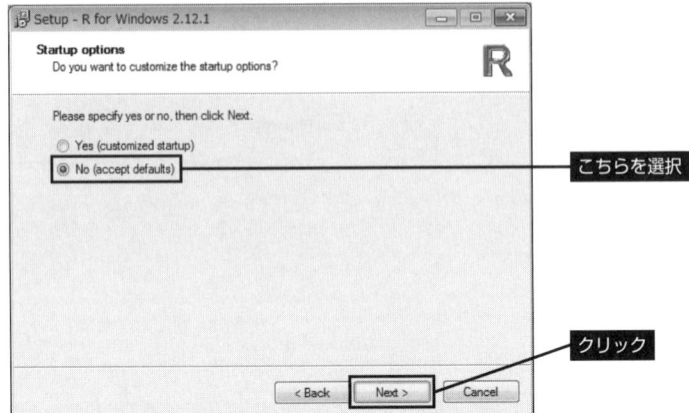

図2.9　コンポーネントの選択

[Next]ボタンをクリックすると、図2.10のように「スタートメニューフォルダの選択」が表示されるので、「R」を指定する。

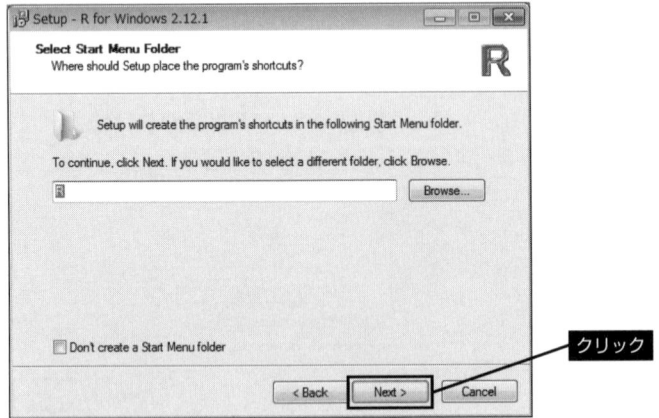

図2.10　スタートメニューフォルダの選択

[Next]ボタンクリックすると、図2.11のように「追加タスクの指定」が表示されるので、「アイコンを追加する」と「レジストリ項目」を指定する。

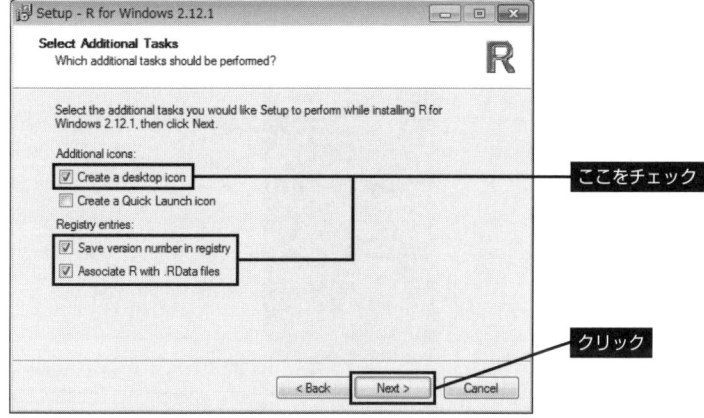

図2.11　追加タスクの指定

[Next]ボタンをクリックするとインストールが開始され、図2.12のように「インストール状況」が表示される。

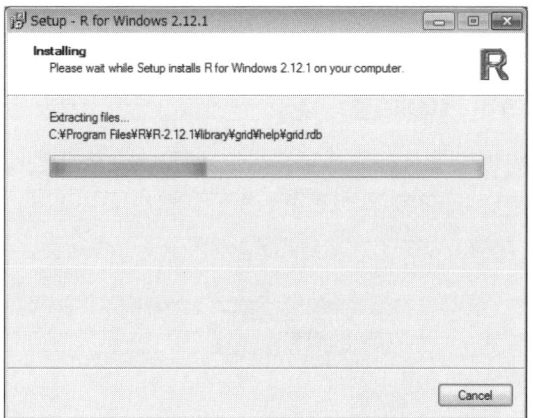

図2.12　インストール状況

第2章　Rの基本

インストールが完了すると、図2.13のようにセットアップ完了の画面が表示されるので、[Finish]ボタンをクリックする。

図2.13　セットアップの完了

以上でインストールは終了し、Rが使用可能になる。また、起動用のアイコンもデスクトップ上に配置される。

◆ 2.1.3　Rの起動 ◆

Rを起動するときは、スタートメニューから「すべてのプログラム」→「R」→「R 2.12.1」を選択すればよい。そうすると、図2.14のようにRの初期画面が表示される。そのほか、起動用のアイコンをダブルクリックして起動することもできる。

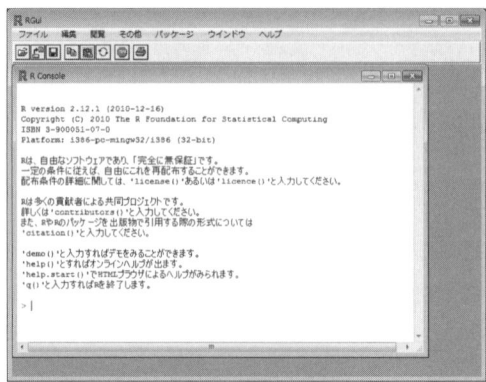

図2.14　初期画面

図2.14の「RGui」ウインドウは、RのGUI画面である。実際に処理を行なうときは、「R Console」ウインドウへ各種のコマンドを入力する。「R Console」ウィンドウには、Rのバージョンなどの基本情報が最初に表示される。

Rでは、「R Console」のプロンプト「>」の後にコマンドを入力し、[Enter]キーを押下することによって計算が行なわれる。

たとえば、「$\sqrt{2}$」と「3×4」を計算してみよう。「$\sqrt{2}$」は「sqrt(2.0)」、「3×4」は「3*4」と入力すればよい。そうすると、図2.15のように計算結果が表示される。なお、入力は赤、出力は青で表示され、結果の前に[1]が表示される。

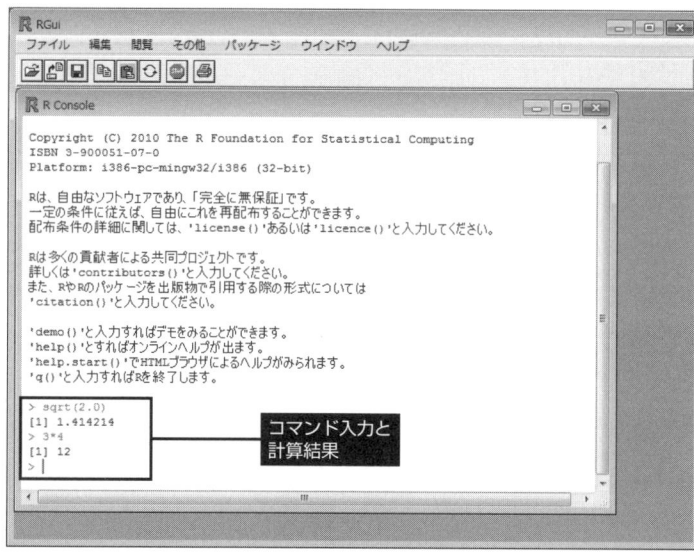

図2.15　コマンドの実行

2.2　基本操作

ここではRの基本操作を説明する。まず、Rの利用形態を説明し、その後、注意事項とコマンドの実例を紹介する。これらはRを利用するための基本事項であるので、正しく覚えておく必要がある。

◆ 2.2.1 利用形態

Rには以下の2種類の利用形態がある。どちらを利用するかは、使用目的などによって異なる。

・R Console
・R Editor

「R Console」とは、Rを起動したときに「RGui」の中に表示されるウインドウである。前述したように、「R Console」のプロンプトの後に適当なコマンドを入力し、[Enter]キーを押下するとコマンドが実行される。R Consoleは標準的な使用法である。

「R Editor」とは、長いセッション、すなわち多くのコマンドを入力する場合に用いるエディタである。R Editorは、プログラミングや複雑な処理を行なう場合の使用法である。

ここでは、R Editorの使用法を解説する。メニューから[ファイル]－[新しいスクリプト]を選択すると、R Editorが起動する。すなわち、図2.16のように「RConsole」と「R Editor」の2画面になる。

図2.16　R Editor

たとえば、R Editorに「3*4」を入力した後、[Ctrl]＋[R]キーを押下すると、実行結果がR Consoleに表示される。この操作は、メニューから[編集]－[カーソル行または選択中のRコードを実行]を選択するか、あるいはメニューの下にある🔲のアイコンをクリックすることによっても可能である。

R Editorに入力した内容は、**Rファイル**として保存することができる。メニューから[ファイル]－[保存]を選択し、適当なファイル名と保存先を指定して保存する。なお、Rファイルの拡張子は「.R」である。Rファイルは「メモ帳」などのテキストエディタでも作成できる。

保存したRファイルは、読み込み、表示、実行をすることができる。したがって、Rファイルはプログラムと解釈することができる。

メニューから[ファイル]－[スクリプトを開く]を選択し、保存先フォルダのファイルを指定すると、Rファイルを読み込むことができる。

Rファイルのすべてのコマンドを一括実行したい場合は、メニューから[編集]－[全て実行]、あるいは、Rファイルのコマンドをすべてドラッグし、メニューの下にある🔲のアイコンをクリックすればよい。

例題2.1　Rファイルの作成

以下のようなRファイル「RECO201.R」を作成し、保存する。

```
3*4
x = c(1,2,3,4,5)
y = sqrt(x)
y
```

ここで「x = c(1,2,3,4,5)」によって**データベクトル**（data vector）が生成される。また、「y = sqrt(x)」によって、「x」の各要素の平方根を要素とするデータベクトル「y」が生成される。なお、「y」を表示するためには最終行が必要である。

Rファイル「RINT201.R」を実行すると、**図2.17**のように実行結果がR Consoleに表示される。

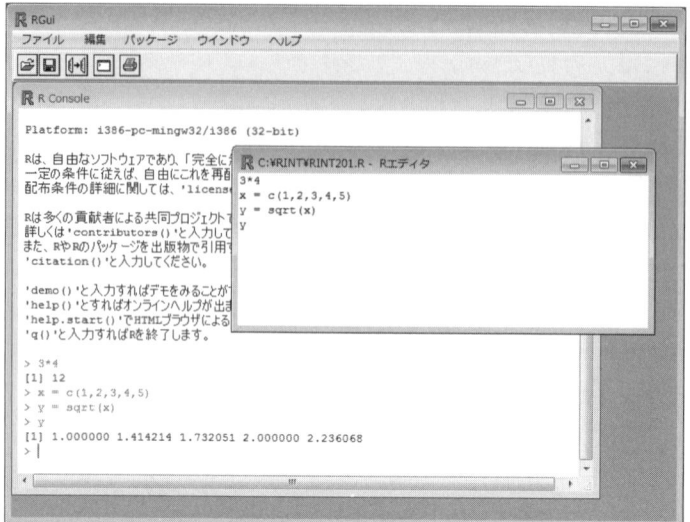

図2.17　EditorによるRファイルの実行

◆ 2.2.2 注意事項

ここでは、Rの書式やコマンド入力などについて注意すべき点を紹介する。

注意1

コマンドとして使用する文字は半角英数が基本である。ただし、「名前」という形で漢字を変数に使用することもできる。なお、漢字入力はローマ字かな変換で行なわれる。

注意2

大文字と小文字は区別される。コマンドの多くは小文字であるが、中には大文字もあるので注意すること。

注意3

変数の命名には、ピリオド「.」またはアンダースコア「_」を用いる。

```
aka.value, _x
```

注意4

変数の命名として次の文字列は避ける。

```
c, q, s, t, C, D, F, I, T,
diff, mean, pi, range, rank, tree, var, break,
for, function, if, in, next, repeat, return, while
```

なお、これらの文字列にはRとしての意味がある。

注意5

数字は「3」「4」のように入力する。文字列はシングルクォーテーション「'」またはダブルクォーテーション「"」で囲む。論理値は「T」(真) または「F」(偽) である。これらは、それぞれ「TRUE」「FALSE」と入力してもよい。

注意6

ユーザーが通常使用するオブジェクトは「ベクトル」と「リスト」である。スカラーとして使っている量は、長さ1のベクトルが代わりとなる。ベクトルは「x=c(1,2,3)」または「c(1,2,3)->x」と書く。「=」は代入記号である。なお、等号「=」、記号「<=」も使用できる。以降では、代入記号として等号を用いる。

注意7

計算精度はRが判断し統一的に処理する。なお、一般的には、計算は「倍精度」で行なわれる。

注意8

コメントは「#」以降の1行である。

注意9

入力コマンドを実行するときは[Enter]キーを押下する。入力途中で改行するには、[Shift]キーを押しながら[Enter]キーを押下する。

注意10

コマンド入力行ではマウスによるカーソル移動はできない。カーソルの移動には左右の矢印キーを使用する。

注意11

上下の矢印キーを押下すると、直前に入力したコマンドから順に表示される。便利な機能なので活用しよう。長い入力は面倒であり、修正変更も大変である。

注意12

Rには、以下のような特殊記号がある。

　　NA（Not Available）　……………　該当データが欠けている（欠損）
　　NaN（Not a Number）　……………　非数

NaNは、「0/0」のような定義できない数に対して使用される。

　　Inf（Infinity）　………………　無限大（$+\infty$）
　　-Inf（Infinity）　………………　無限大（$-\infty$）

「1/0」「-1/0」は、それぞれ「Inf」「-Inf」になる。

　　NULL　……………………………　未定義

ある変数の値を未定義のままで、とりあえず定義したいときに用いる。

　　x=NULL

代表的なエラーメッセージは、次のとおりである。

```
squareroot(3)
エラー: 関数 "squareroot" を見つけることができませんでした
> sqrt 2
エラー:    予想外の 数値定数 です   ( "sqrt 2" の)
> sqrt(-2)
[1] NaN
Warning message:
In sqrt(-2) : 計算結果が NaN になりました
```

注意13

Rを終了するときは、メニューから[ファイル]－[終了]を選択するか、またはR Consoleで「q()」と入力する。その際、「作業スペースを保存しますか」というダイアログボックスが表示される。保存するかどうかは各自の判断で行なう。

Rを強制終了したい場合は、メニューバーの「STOP」をクリックする。実行はインタープリタで行なわれているので、途中の計算は保存される。

注意14

Rにはヘルプが装備されている。メニューから[ヘルプ]を選択すると、さまざまな情報が得られる。

Rの関数を調べたい場合は、[ヘルプ]－[Rの関数]を選択する。そうすると、「Question」ダイアログボックスが表示されるので、キーワードを入力する。たとえば「sqrt」と入力すると、図2.18のように説明が表示される。

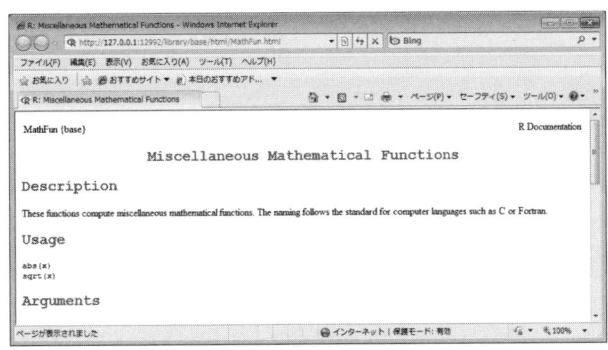

図2.18　関数sqrtの説明

なお、ヘルプを参照するにはインターネットに接続しておく必要がある。また、説明文は英語である。

[ヘルプ]－[マニュアル（PDF）]を選択すると、各種マニュアルを参照できる。

そのほか、「var」についての説明を参照したいときに、R Consoleで「help("var")」または「?var」と入力しても、キーワードについて調べることができる。

◆ 2.2.3　コマンド実例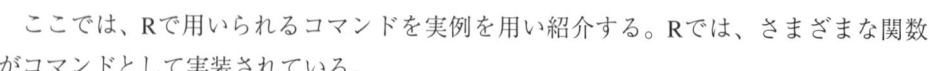

ここでは、Rで用いられるコマンドを実例を用い紹介する。Rでは、さまざまな関数がコマンドとして実装されている。

次の例題2.2は、四則演算に関するものである。

例題2.2　四則演算

加算は「+」で行なわれ、減算は「-」、乗算は「*」、除算は「/」、べき乗は「^」、剰余演算（余り）は「%%」で行なわれる。また、「%/%」は整数同士の除算（結果は切り捨て）を行なう。なお、このセッションは「RINT202.R」として保存する。

```
> 4.0+3.0
[1] 7
> 6.0-7.1
[1] -1.1
> 5.0*3.0
[1] 15
> 5.0/3.0
[1] 1.666667
> 2.0^3
[1] 8
> 11%%3
[1] 2
> 5%/%3
[1] 1
```

各行の先頭に表示される[1]は、計算結果があるベクトルの第1成分であることを意味している。「/」は実数の除算である。Rの実数演算は「倍精度」で行なわれる。Rには単精度のタイプはない。また、結果はデフォルトで小数点以下6桁が表示される。

次の**例題**2.3は、整数演算に関するものである。

例題2.3　整数演算

「round」は丸め（四捨五入）を行なうコマンドで、第2引数で小数点以下の桁数を指定する。「trunc」はゼロ方向丸め（切捨て）で、小数点以下が切り捨てられる。「floor」は引数より大きくない最大の整数を返す。「ceiling」は引数より小さくない最小の整数を返す、すなわち切り上げを行なう。

これらの丸め演算は引数が負数の場合、注意が必要である。なお、このセッションは「RINT203.R」として保存する。

```
> round(3.643,2)
[1] 3.64
> round(3.643,0)
[1] 4
> round(1345,-2)
[1] 1300
> trunc(3.13)
[1] 3
> trunc(3.67)
[1] 3
> trunc(-2.5)
[1] -2
> trunc(-2.1)
[1] -2
> floor(3.14)
[1] 3
> ceiling(2.33)
[1] 3
> ceiling(2.65)
[1] 3
> trunc(3.4)
[1] 3
> trunc(-3.4)
[1] -3
> floor(3.4)
[1] 3
> floor(-3.4)
[1] -4
> ceiling(3.4)
[1] 4
> ceiling(-3.4)
[1] -3
```

Rでは、指数関数や三角関数などの初等関数を扱うことができる。また、統計関連の関数も用意されているが、これらについては後述する。

例題2.4 数学関数

主な数学関数は、以下のとおりである。

```
abs(x)      sign(x)     sqrt(x)     exp(x)      log(x)      log2(x)
log10(x)    sin(x)      cos(x)      tan(x)      asin(x)     acos(x)
atan(x)     sinh(x)     cosh(x)     tanh(x)     gamma(x)
```

「sign(x)」は、x>0の場合「1」を返し、x=0の場合「0」、x<0の場合「-1」を返す。
「log(x)」は $\log_e x$（自然対数）を計算し、「log2(x)」は $\log_2 x$、「log10(x)」は $\log_{10} x$（常用対数）を計算する。
「gamma(x)」は Γ 関数を計算する。
「sin(x)」「cos(x)」「tan(x)」は三角関数を計算する。「asin(x)」「acos(x)」「atan(x)」は逆三角関数を計算する。「sinh(x)」「cosh(x)」「tanh(x)」は双曲線関数を計算する。
円周率 π は「pi」と書く。
なお、このセッションは「RINT204.R」として保存する。

```
> pi
[1] 3.141593
> abs(2.5)
[1] 2.5
> abs(-2.5)
[1] 2.5
> sign(2.5)
[1] 1
> sign(-2.5)
[1] -1
> sign(0.0)
[1] 0
> sqrt(5)
[1] 2.236068
> sqrt(25)
[1] 5
> log(1)
[1] 0
> log2(8)
```

```
[1] 3
> log10(0.01)
[1] -2
> sin(0)
[1] 0
> sin(pi/2)
[1] 1
> sin(pi)
[1] 1.224606e-16
> cos(0)
[1] 1
> cos(pi/2)
[1] 6.123032e-17
> cos(pi)
[1] -1
> tan(0)
[1] 0
> tan(pi/2)
[1] 1.633178e+16
> tan(pi)
[1] -1.224606e-16
> atan(1)
[1] 0.7853982
> atan(-1/2)
[1] -0.4636476
> atan(-1)
[1] -0.7853982
> sinh(0)
[1] 0
> cosh(0)
[1] 1
> tanh(0)
[1] 0
```

なお、一部の関数では近似計算が用いられているので、計算結果が理論値と一致しない場合もある。しかし、実用上は問題にならない。

例題2.5 ベクトルによる一括計算

ベクトルを用いて一括計算を行なうこともできる。「x」がベクトルならば、コマンドの結果もベクトルとなる。ベクトルの成分はカンマで区切る。複数のコマンドを1行で入力する場合には、セミコロン「;」で区切る。なお、このセッションは「RINT205.R」として保存する。

```
> x = c(0,pi/4,pi/2,3*pi/4,pi); y = sin(x)
> y
[1] 0.000000e+00 7.071068e-01 1.000000e+00 7.071068e-01 1.224606e-16
> x2 = c(0,1,2,3,4,5); y2 = sqrt(x2)
> y2
[1] 0.000000 1.000000 1.414214 1.732051 2.000000 2.236068
```

例題2.6 代入演算

Rでは、変数に値を代入させて各種の演算を行なうこともできる。代入演算子は「=」である。「a=b」は「b」が「a」に代入されることを表わす。なお、このセッションは「RINT206.R」として保存する。

```
> a=4
> b=-5
> a+b; a-b; a*b; a/b
[1] -1
[1] 9
[1] -20
[1] -0.8
> a^2+b^2
[1] 41
> y=x=8
> x
[1] 8
> y
[1] 8
```

ここで「y=x=8」は「x」に「8」を代入し、次に「y」に代入する演算を表わしている。

例題2.7 ベクトルの成分の和と積

ベクトル「x」の成分の和 (sum) は「sum(x)」で計算され、積 (product) は「prod(x)」で計算される。なお、このセッションは「RINT207.R」として保存する。

```
> x=c(2,3,4,5)
> sum(x)
```

```
[1] 14
> prod(x)
[1] 120
```

例題2.8　基本統計計算

　Rは統計ツールなので、各種の統計計算も行える。ここでは基本的なものを紹介する。**最大値**（maximum）は「max」で計算され、**最小値**（minimum）は「min」で計算される。

　また、最初から k 番目の最大値、最小値、和、積は、それぞれ「cummax」「cummin」「cumsum」「cumprod」で求められる。以下の「cummax」の結果では、第1番目までの最大値は「4」で、第2番目までの最大値は「7」と読まれる。「range」を用いると最小値と最大値の両方を表示できる。

　平均、分散、標準偏差は、それぞれ「mean」「var」「sd」で計算される。なお、このセッションは「RINT208.R」として保存する。

```
> x=c(4,7,9,20,-10,5,8,-3,-9,3)
> max(x)
[1] 20
> min(x)
[1] -10
> cummax(x)
 [1]  4  7  9 20 20 20 20 20 20 20
> cummin(x)
 [1]  4  4  4  4 -10 -10 -10 -10 -10 -10
> cumsum(x)
 [1]  4 11 20 40 30 35 43 40 31 34
> cumprod(x)
 [1]          4         28        252       5040     -50400    -252000
 [7]   -2016000    6048000  -54432000 -163296000
> range(x)
[1] -10  20
> mean(x)
[1] 3.4
> var(x)
[1] 79.82222
> sd(x)
[1] 8.934328
```

第2章 Rの基本

例題2.9 集合演算

ベクトルを集合と見なして、各種の集合演算を行なうこともできる。2つの集合の**結合集合** (union)、**共通集合** (intersection)、**差集合** (difference) は、それぞれ「union」「intersect」「setdiff」で求められる。

ここで差集合 $A - B$ は $A \cap \overline{B}$ と定義される。すなわち、A には属すが B には属さない要素からなる集合である。なお、このセッションは「RINT209.R」として保存する。

```
> a = c(2,4,6,8)
> b = c(4,8,12,14,16)
> union(a,b)
[1]  2  4  6  8 12 14 16
> intersect(a,b)
[1] 4 8
> setdiff(a,b)
[1] 2 6
```

なお、結果が空集合の場合は「numeric(0)」と表示される。

次にベクトル演算について説明する。

例題2.10 ベクトル演算

2つのベクトルの和、差、積は、それぞれ「+」「-」「*」で計算される。また、スカラー倍も「*」で求められる。**内積** (inner product) は「%*%」で計算される。

ベクトルの要素の並びの反転は「rev」で行なわれる。

ベクトル「x」の n 番目の要素の取り出しは、「x[n]」または「x[[n]]」で行なわれる。

ベクトルから一部を取り出して新しいベクトルを作ることもできる。たとえば、ベクトル「x」の2番目から4番目までを取り出して得られるベクトルは「x[c(2:4)]」、2番目から4番目までを取り除いて得られるベクトルは「x[-c(2:4)]」、10より大きい要素を取り出して得られるベクトルは「x[x>10]」になる。

ベクトルの要素を繰り返したベクトルは「rep」で作られる。第2引数の等号の右辺は繰り返し回数である。なお、このセッションは「RINT210.R」として保存する。

```
> a = c(1,2)
> b = c(3,4)
> a+b; a-b; a*b
[1] 4 6
[1] -2 -2
[1] 3 8
> -a; 5*b
[1] -1 -2
[1] 15 20
> a%*%b
     [,1]
[1,]   11
> l = c(2,4,6,8)
> rev(l)
[1] 8 6 4 2
> x=c(2,6,9,12,15,18)
> x[3]
[1] 9
> x[[3]]
[1] 9
> x[5]
[1] 15
> x[7]
[1] NA
> b = x[c(2:4)]; b
[1]  6  9 12
> c = x[-c(2:4)]; c
[1]  2 15 18
> d = x[x>10]; d
[1] 12 15 18
> y = c(1,2,4)
> s = rep(y,times=4)
> s
 [1] 1 2 4 1 2 4 1 2 4 1 2 4
```

内積の結果は行列表示になっており、「11」が内積の値である。また、「x[7]」は存在しないので「NA」が表示されている。

次に、**行列**（matrix）に関する演算について説明する。基本演算のほかに逆行列や固有値を求めることもできる。

第2章 Rの基本

例題2.11　行列

行列は**配列**（array）として扱われる。なお、このセッションは「RINT211.R」として保存する。

たとえば、行列

$$A = \begin{pmatrix} 1 & 2 \\ -1 & -1 \end{pmatrix}$$

は、以下のように定義される。

```
> A = array(dim=c(2,2))
> A[1,1] = 1; A[1,2] = 2; A[2,1] = -1; A[2,2] = -1
> A
     [,1] [,2]
[1,]    1    2
[2,]   -1   -1
```

ここで、A[1,1]は行列Aの1行1列の要素を表わす。

行列は「matrix」を用いて以下のような方法でも定義可能である。

```
> p = c(1,2,-1,-1)
> A = matrix(p,2,2,byrow=T)
> A
     [,1] [,2]
[1,]    1    2
[2,]   -1   -1
> B = matrix(p,2,2)
> B
     [,1] [,2]
[1,]    1   -1
[2,]    2   -1
```

「matrix」の第2引数は行数、第3引数は列数である。また、第4引数の「byrow=T」は要素を行単位で最初から設定して行列を定義するオプションである。

たとえば、2×3行列の定義は以下のように行なわれる。

```
> C = matrix(c(1,2,3,4,5,6),2,3,byrow=T)
> C
     [,1] [,2] [,3]
[1,]    1    2    3
[2,]    4    5    6
```

また、3×3のゼロ行列の定義は以下のとおりである。

```
> O = matrix(0,nrow=3,ncol=3)
> O
     [,1] [,2] [,3]
[1,]    0    0    0
[2,]    0    0    0
[3,]    0    0    0
```

行数と列数は、このようにも指定可能である。

行列の和、差、積は、それぞれ「+」「-」「%*%」で計算される。

```
> A = matrix(c(1,2,-1,-1),2,2,byrow=T)
> B = matrix(c(1,1,1,1),2,2,byrow=T)
> C = A+B; C
     [,1] [,2]
[1,]    2    3
[2,]    0    0
> D = A-B; D
     [,1] [,2]
[1,]    0    1
[2,]   -2   -2
> E = A%*%B; E
     [,1] [,2]
[1,]    3    3
[2,]   -2   -2
```

行列「A」の**逆行列**（inverse）A^{-1} は、「solve(A)」で求められる（A^(-1)ではない）。

```
> A = matrix(c(1,2,-1,-1),2,2,byrow=T); A
     [,1] [,2]
[1,]    1    2
[2,]   -1   -1
> B = solve(A); B
     [,1] [,2]
[1,]   -1   -2
[2,]    1    1
> A%*%B
     [,1] [,2]
[1,]    1    0
[2,]    0    1
> B%*%A
     [,1] [,2]
[1,]    1    0
[2,]    0    1
```

次に、固有値を説明する。

例題2.12 固有値

行列 A の**固有値**（eigenvalue）と**固有ベクトル**（eigenvector）は、「eigen(A)」によって、それぞれ「$values」「$vectors」として表示される。なお、このセッションは「RINT212.R」として保存する。

```
> A = matrix(c(7,4,3,6),2,2,byrow=T); A
     [,1] [,2]
[1,]    7    4
[2,]    3    6
> eigen(A)
$values
[1] 10  3

$vectors
     [,1]       [,2]
[1,]  0.8 -0.7071068
[2,]  0.6  0.7071068

> L1 = A%*%eigen(A)$vectors[,1]; L1
```

```
            [,1]
    [1,]    8
    [2,]    6
> R1 = eigen(A)$values[1]*matrix(eigen(A)
+ $vectors[,1],2,1); R1
            [,1]
    [1,]    8
    [2,]    6
> L2 = A%*%eigen(A)$vectors[,2]; L2
                [,1]
    [1,] -2.121320
    [2,]  2.121320
> R2 = eigen(A)$values[2]*matrix(eigen(A)
+ $vectors[,2],2,1); R2
                [,1]
    [1,] -2.121320
    [2,]  2.121320
```

ここで「+」は入力時に改行されたことを示している。A の固有値は $\lambda_1 = 10$、$\lambda_2 = 3$ である。また、λ_1, λ_2 に属する固有ベクトル x_1, x_2 は、それぞれ

$$\begin{pmatrix} 0.8 \\ 0.6 \end{pmatrix}, \quad \begin{pmatrix} -2.121320 \\ 2.121320 \end{pmatrix}$$

になる。上記では、固有値および固有ベクトルの検算を行なっている。x_1 を縦ベクトルとして扱うために、「matrix(eigen(A)$vectors[,1],2,1)」としている。また、「%*%」と「*」の使い分けに注意されたい。

次に、連立方程式について説明する。

例題2.13 連立方程式

連立方程式 $Ax = b$ の解 x は、「solve(a,b)」で求められる。連立方程式は、行列で記述される。ここでは、連立方程式 $\{2x + 3y = 11, x - 5y = -14\}$ の解を求める。なお、このセッションは「RINT213.R」として保存する。

```
> a=matrix(c(2,1,3,-5),2,2)
> a
        [,1] [,2]
```

```
     [1,]    2    3
     [2,]    1   -5
> b=matrix(c(11,-14))
> b
        [,1]
[1,]    11
[2,]   -14
> solve(a,b)
        [,1]
[1,]     1
[2,]     3
```

次に、微分と積分について説明する。

例題2.14　微分と積分

式の記号的な微分は、「D」または「deriv」で行なわれる。また、数値積分

$$\int_a^b f(x)dx$$

は、「integrate」で行なわれる。Rがサポートしている関数以外の関数「f(x)」は、「f=function(x) f(x)」と定義する必要がある。なお、このセッションは「RINT214.R」として保存する。

```
> f = expression(sin(x))
> D(f,"x")
cos(x)
> f=expression(3*x^2+6*x)
> D(f,"x")
3 * (2 * x) + 6
> deriv(y~sin(x),"x")
expression({
    .value <- sin(x)
    .grad <- array(0, c(length(.value), 1), list(NULL, c("x")))
    .grad[, "x"] <- cos(x)
    attr(.value, "gradient") <- .grad
    .value
})
> g=deriv(y~3*x^2+6*x,"x",func=TRUE)
> g
function (x)
```

```
{
    .value <- 3 * x^2 + 6 * x
    .grad <- array(0, c(length(.value), 1), list(NULL, c("x")))
    .grad[, "x"] <- 3 * (2 * x) + 6
    attr(.value, "gradient") <- .grad
    .value
}
> g(3)
[1] 45
attr(,"gradient")
      x
[1,] 24
> g(4)
[1] 72
attr(,"gradient")
      x
[1,] 30
> f=function(x) x^3
> integrate(f,0,1)
0.25 with absolute error < 2.8e-15
> integrate(sqrt,1,4)
4.666667 with absolute error < 5.2e-14
```

ここで「expression」は引数を表現式とする。なお、「D」の第2引数は微分の対象となる変数を文字列で指定する。

「deriv」の引数となる関数 $y = \sin x$ は、「y~sin(x)」と入力する。関数値と導関数値を求めたい場合は、「deriv」のオプションとして「func=TRUE」を指定して、関数として定義する。そして、引数を与えると、関数値と導関数値が計算される。

「integrate」は数値積分を行なうので、積分値の絶対誤差が結果とともに表示される。なお、数値積分とは、積分値を近似的に計算するものである。

次に、データ処理を説明する。まず、データの名前付けができる。

例題2.15 データの名前付け

Rではベクトル・データが基本になっているが、ベクトルの各成分に「names」によって名前付けできる。また、成分の参照は配列と同様に行なわれる。ただし、添字は数字でなく文字になる。なお、このセッションは「RINT215.R」として保存する。

たとえば、ベクトル・データ「mydata」の各成分にアルファベット小文字の名前をaから付けると、次ページのようになる。

```
> mydata=c(10,20,30,40,50,60,70,80,90,100)
> names(mydata)=c('a','b','c','d','e','f','g','h','i','j')
> mydata
  a   b   c   d   e   f   g   h   i   j
 10  20  30  40  50  60  70  80  90 100
> mydata['d']
 d
40
> mydata['i']
 i
90
```

ここで「'a'」は文字「a」を表わす。名前付きのベクトル・データの名前の削除は、以下のように行なわれる。

```
> names(mydata) = NULL
> mydata
 [1]  10  20  30  40  50  60  70  80  90 100
```

次に、リストについて説明する。リストを用いて表データを記述することができる。

例題2.16 リスト

リスト (list) は、異なる型のデータを集めたものである。よって、Rのリストは、プログラミング言語おけるリストではなく、構造体、または、レコードに対応する。なお、このセッションは「RINT216.R」として保存する。

たとえば、名前、性別、年齢からなるリスト「akama」の定義は、以下のように行なわれる。

```
> akama = list(name="Akama",sex="m",age=50)
> akama
$name
[1] "Akama"

$sex
[1] "m"

$age
```

```
[1] 50

> akama$name
[1] "Akama"
> akama$sex
[1] "m"
```

ここで「akama」を出力すると、縦に出力される。

```
> unlist(akama)
   name      sex      age
"Akama"      "m"     "50"
```

なお、「unlist」を用いると、横に出力することもできる。

データの追加は「c(...)」で行なわれ、削除は「-c(...)」で行なわれる。

```
> akama = c(akama,job="scientist")
> akama
$name
[1] "Akama"

$sex
[1] "m"

$age
[1] 50

$job
[1] "scientist"
```

ここでは「仕事」が新しい項目としてリストに追加されている。

次に、ソートについて説明する。

例題2.17 ソート

ソート (sort) とは、データをある基準によって並べ替える操作である。基準としては、小さい順に並べ替える昇順と、大きい順に並べ替える降順がある。なお、このセッションは「RINT217.R」として保存する。

ここでは、区間 [0,1] の**一様乱数** (uniform random number) を16個発生させてソートすることにする。一様乱数は「runif(n,min,max)」によって生成される。「n」は乱数の個数を表わし、「min」は乱数の最小値、「max」は乱数の最大値を表わす。

「sort(x)」によって「x」は昇順にソートされる。降順にソートしたい場合は、「decreasing = TRUE」を第2引数に指定すればよい。

```
> x = runif(16,0,1)
> x
 [1] 0.5322983 0.1662127 0.1298590 0.6730702 0.4612771 0.5420106 0.8041044
 [8] 0.6789131 0.8303367 0.9692599 0.9046754 0.5298340 0.6023012 0.5264136
[15] 0.9757581 0.2809695
> y = sort(x)
> y
 [1] 0.1298590 0.1662127 0.2809695 0.4612771 0.5264136 0.5298340 0.5322983
 [8] 0.5420106 0.6023012 0.6730702 0.6789131 0.8041044 0.8303367 0.9046754
[15] 0.9692599 0.9757581
> z = sort(x,decreasing = TRUE)
> z
 [1] 0.9757581 0.9692599 0.9046754 0.8303367 0.8041044 0.6789131 0.6730702
 [8] 0.6023012 0.5420106 0.5322983 0.5298340 0.5264136 0.4612771 0.2809695
[15] 0.1662127 0.1298590
```

ここで順位6番目までを抜き出すと、以下のようになる。

```
> yy = y[y<=y[6]]
> yy
[1] 0.1298590 0.1662127 0.2809695 0.4612771 0.5264136 0.5298340
```

次に、データ・フレームについ説明する。

例題2.18 データ・フレーム

データ・フレーム（data frame）は、ベクトルのリストからなる表形式のデータ構造である。なお、このセッションは「RINT218.R」として保存する。

たとえば、次のような表はデータ・フレームである。

stretch	distance
46	148
56	182
48	173
50	166
44	109
42	141
52	166

データフレーム「myframe」の生成は、「data.frame」によって行なわれる。「myframe」から「stretch」のみを取り出すには、「myframe$stretch」と入力すればよい。

```
> myframe = data.frame(stretch=c(6,56,48,50,44,42,52),
+ distance=c(148,183,173,166,109,141,166))
> myframe
  stretch distance
1       6      148
2      56      183
3      48      173
4      50      166
5      44      109
6      42      141
7      52      166
> mystretch = myframe$stretch
> mystretch
[1]  6 56 48 50 44 42 52
```

なお、コマンドの途中で改行すると、「+」が次の行に付加される。

次に、欠損値の扱いについて説明する。たとえば、測定データ (x, y) において、欠損値を「0」とされては困る場合は「NA」を設定しておく。

```
> x=c(10,20,30,40,50,60)
> y=c(102,NA,289,409,NA,630)
> x
[1] 10 20 30 40 50 60
> y
[1] 102  NA 289 409  NA 630
```

次に、いくつかのデータ処理関数を説明する。

例題2.19　データ処理関数

　平均値、中央値、範囲は、それぞれ「mean」「median」「range」で計算される。これらのデータ処理関数では、欠損データを無視するオプション「na.rm=T」がある。ここでは、データ「y」の平均値、中央値、範囲を計算する。なお、このセッションは「RINT219.R」として保存する。

```
> y = c(102,NA,289,409,NA,630)
> mean(y,na.rm=T)
[1] 357.5
> median(y,na.rm=T)
[1] 349
> range(y,na.rm=T)
[1] 102 630
```

また、次のように、欠損値に「0」を代入して計算を行なうこともできる。

```
> y[is.na(y)]=0
> y
[1] 102   0 289 409   0 630
```

次に、数列について説明する。

例題2.20 数列

数列（sequence）は「seq」で生成できる。なお、このセッションは「RINT220.R」として保存する。

たとえば、1から15まで1刻みで数列を発生させると、以下のようになる。

```
> s = seq(1,15,by=1); s
 [1]  1  2  3  4  5  6  7  8  9 10 11 12 13 14 15
```

データを画面から入力するためには「scan()」を入力する。[Enter]キーを押下すると行番号が現れるので、データを入力する。何もせず[Enter]キーを押下すると、入力終了になる。また、入力データはベクトルとして表示することができる。

```
> x = scan()
1: 10
2: 20
3: 30
4: 40
5:
Read 4 items
> x
[1] 10 20 30 40
```

2.3 グラフの作成

Rは、**グラフィックス**（graphics）の機能によってデータを視覚化できる。関数プロットから統計用のグラフを含め、さまざまなグラフの表示ができる。Rのグラフィックスは、他のコンピュータ代数システムよりも優れている。

◆ 2.3.1　プロット

　関数のプロットは関数のグラフを描画することであり、「plot」で行なわれる。「plot」は以下のように書く。

```
plot(x,y,...)
```

　ここで「x」はx座標を表わし、「y」はy座標を表わす。第3引数以降はオプションで、グラフィックスの書式を指定する。

　「type」はプロットのタイプを表わすもので、曲線を描画する「l」（エル）、点を描画する「p」（デフォルト）、ヒストグラムを描画する「h」などがある。「type='l'」のように文字列として指定する。

　「xlab」はx軸のラベル、「ylab」はy軸のラベルを指定する。「xlab='x'」のように文字列として指定する。「xlab」「ylab」は、それぞれ「xlabel」「ylabel」と書いてもよい。

　「main」はグラフィックスのタイトルを指定する。「main='y=x^2'」のように文字列として指定する。

　関数の引数の範囲は「seq」で指定できる。

```
seq(from, to, len = length)
```

　ここで「from」は初期値を表わし、「to」は最終値、「len」は長さを表わす。「length」は非負である。

　関数のプロットは「curve」で行なうこともできる。

```
curve(expr,from,to,...)
```

　ここで「expr」は関数を表わす式である。「curve」を用いる場合、「seq」による範囲の指定は必要ない。

　では、実際に関数のグラフを描画してみよう。

例題2.21　関数のグラフ

関数 $y = x^2$ のグラフを $x = -3$ から $x = 3$ の範囲で表示してみよう。なお、このセッションは「RINT221.R」として保存することにする。

このグラフを表示するには、次のように入力すればよい。

```
> x = seq(-3,3,len=100)
> y = x^2
> plot(x,y,type='l',xlab ='x',
+ ylab='y',main='y= x^2')
```

ここで「+」はコマンドの途中で改行されたことを示している。

上記は、「curve」を用いて以下のように書くこともできる。

```
> curve(x^2,-3,3,type='l',xlab ='x',
+ ylab='y',main='y= x^2')
```

そうすると、図2.19のように、別ウインドウが開きグラフが表示される。

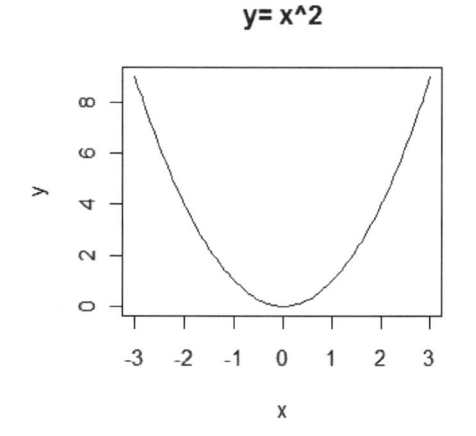

図2.19　y=x²のグラフ

関数のプロットの場合、「curve」の方が汎用性が高い。「curve」により複数のグラフを同時に表示することもできる。

例題2.22 複数のグラフ

2つの関数 $y = \sin x, \cos x$ を表示してみよう。なお、このセッションは「RINT222.R」として保存する。

複数のグラフを表示するには、まず最初のグラフを「curve」で表示させ、次のグラフの「curve」にオプション「add=TRUE」を指定すればよい。

```
> curve(sin(x),-2*pi,2*pi,xlab='x',
+ ylab='y',main='y=sin(x),cos(x)')
> curve(cos(x),-2*pi,2*pi,add=TRUE)
```

そうすると、図2.16のように、別ウインドウが開きグラフが表示される。

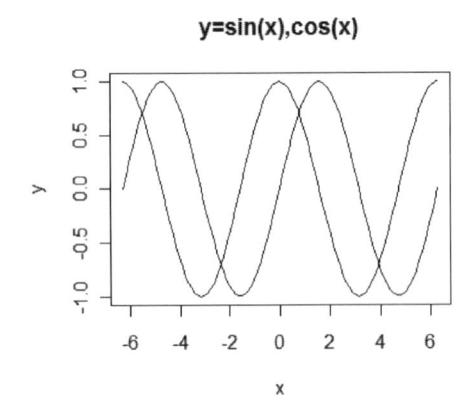

図2.20　y=sin x, cos xのグラフ

グラフィックスは、ファイルとして保存することができる。現在、pngやepsなどのファイル形式がサポートされている。pngやepsのファイル形式での保存は、それぞれ「png()」「postscript()」で行なわれる。なお、「dev.off()」によりファイルは実際に保存される。

たとえば、eps形式でグラフィックスを保存したい場合には、

```
postscript(failname)
```

を入力し、その後に「plot」を実行する。続いて「dev.off」を入力する。

```
        dev.off()
```

そうすると、指定されたフォルダにグラフィックスが保存される。この場合、ウインドウは表示されない。

例題2.23　グラフの保存

関数 $y = x^2$ のグラフをpngとepsの形式で保存してみよう。なお、このセッションは「RINT223.R」として保存する。

「graph.png」というファイル名で保存するときは、以下のように入力する。

```
> png('c:\\RINT\\graph.png')
> curve(x^2,-3,3,main='y=x^2')
> dev.off()
null device
          1
```

ファイル名はフルパスで指定されている。なお、バックスラッシュ「\」は2つ必要である。バックスラッシュは円マークで入力する。

「graph.eps」として保存するためときは、以下のように入力する。

```
> postscript('c:\\RINT\\graph.eps',
+ paper='special',width=4,
+ height=4,horizontal=FALSE)
> curve(x^2,-3,3,main='y=x^2')
> dev.off()
null device          1
```

ここでは「paper」「width」「height」「horizontal」のオプションを指定しなければならない。

グラフィックスの保存は、ウインドウ上のマウス操作で行なう方が簡単である。グラフィックス・ウインドウを表示させ、グラフの表示領域を右クリックすると、プルダウンメニューが表示される。

グラフィックスをコピーして、メタファイル（emf）またはビットマップファイル（bmp）として「ペイント」の画面に貼り付けることができる。

メタファイル（eps）とポストスクリプトファイル（ps）は、名前を付けて保存することもできる。epsファイルは「Illustrator」、psファイルは「Ghostscript」で読み込むことができる。また、「Acrobat」でpsファイルをpdfファイルに変換することもできる。

◆ 2.3.2　ヒストグラム

データのばらつきの状態は**分布**という。データの分布状態を分析することは、データの統計的解析において非常に重要である。データ中にどのような数値が何回出現しているかを計測することによってデータのばらつきがわかるが、この出現回数のことを**度数分布**（frequency distribution）といい、度数分布を表にしたものを**度数分布表**（frequency table）という。また、度数分布表を棒グラフ化したものは、いわゆる**ヒストグラム**（histogram）である。

例題2.24　ヒストグラム

正規乱数を1000個発生させ、度数を25分割した場合のヒストグラムを描画してみよう。なお、このセッションは「RINT224.R」として保存する。

n個の正規乱数は「`rnorm(n)`」で生成できる。また、「`hist`」によってヒストグラムを表示できる。この第2引数は箱の数である。まず、以下のように入力する。

```
> x = rnorm(1000)
> hist(x,25,xlab=' 正規乱数値',ylab=' 度数',
+ main=' 正規分布図 (n=1000)')
```

そうすると、**図2.21**のようにヒストグラムが表示される。

正規分布図 (n=1000)

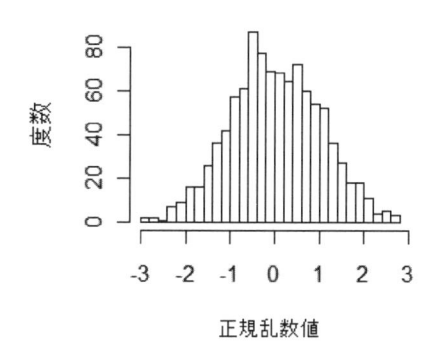

図2.21　ヒストグラム（1000個、25分割）

また、乱数の数を10000個にして、30分割でヒストグラムを表示させると、図2.22のようになる。

正規分布図 (n=10000)

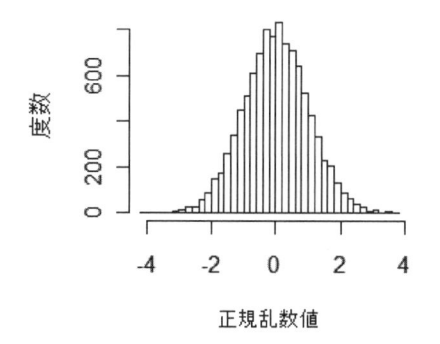

図2.22　ヒストグラム（10000個、30分割）

◆ 2.3.3　その他のグラフ

Rでは、ほかにもさまざまなグラフを表示できる。まず、**対数グラフ**（logarithmic graph）について説明する。世界の多くの現象は指数関数的なものと解釈できる。このような現象は対数の概念で捉えると比例関係として解釈可能である。

よって、通常の目盛りを対数目盛りにしたグラフが考えられる。ただし、対数の底は10とする。すなわち、常用対数が用いられる。

x, y 軸の片方を対数目盛りにしたグラフは、**片対数グラフ**（semi-logarithmic graph）といい、両方を対数目盛りにしたグラフは**両対数グラフ**（log-log graph）という。

たとえば、指数関数的な現象は、

$$y = Ae^{\alpha x}$$

と記述される。ここで A, α は定数である。これを

$$y/A = e^{\alpha x}$$

と変形し、両辺の対数を取ると、

$$\log y - \log A = x\alpha \log e = x\alpha$$

になる。

ここで、x を通常軸とし、y を対数軸とすると、以下のようになる。

$$\frac{\log y_2 - \log y_1}{x_2 - x_1} = \alpha \log e$$

よって、α は容易に決定される。e を任意の整数 a としても議論は同様である。これが片対数グラフの原理である。

また、べき乗関数的な現象は、

$$y = Kx^p$$

と記述される。ここで K, p は定数である。両辺の対数と取ると、

$$\log y = \log K + p \log x$$

となるが、x, y を対数軸とすると、

$$\frac{\log y_2 - \log y_1}{\log x_2 - \log x_1} = p$$

が成り立つ。よって、p は対数計算で求められる。これが両対数グラフの原理である。

では、片対数グラフと両対数グラフを作成してみよう。

例題2.25 対数グラフ

データ「x」「y」から通常のグラフと対数グラフを表示させる。片対数グラフを表示するときは「plot」で「log='y'」を指定し、両対数グラフを表示するときは「plot」で「log='xy'」を指定する。なお、このセッションは「RINT225.R」として保存する。

まず、片対数グラフを作成する。指数関数的現象のデータをプロットすると図2.23のようになる。

```
> x=c(1,2,3,4,5)
> y=c(1/2,1/2^2,1/2^3,1/2^4,1/2^5)
> plot(x,y)
```

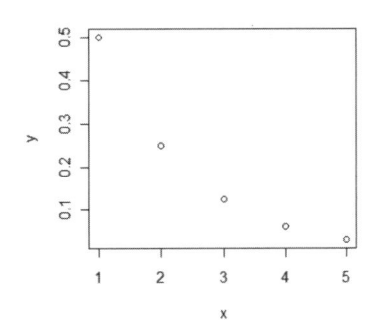

図2.23 指数関数的データのプロット

片対数グラフを表示すると、以下のようになる（図2.24）。

```
> plot(x,y,log='y')
```

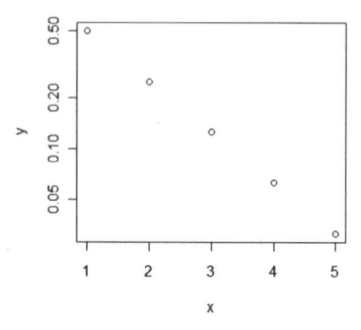

図2.24　片対数グラフ

次に、両対数グラフを作成する。まず、べき乗関数的現象のデータをプロットすると、図2.25のようになる。

```
> x=c(1,2,3,4,5)
> y=c(1,4,9,16,25)
> plot(x,y)
```

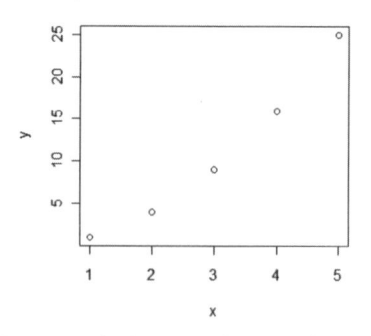

図2.25　べき乗関数的データのプロット

両対数グラフを表示するためには、以下のように入力する（図2.26）。

```
> plot(x,y,log='xy')
```

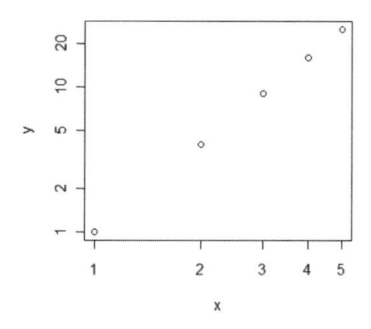

図2.26　両対数グラフ

また、「plot」で各種のパラメタを指定することにより、グラフを改良することもできる。

例題2.26　グラフの整形

「plot」のオプション指定によってグラフを整形できる。点の形を変えたい場合は「pch=p」を指定する。たとえば、「p=21」で白丸、「p=22」で白四角形、「p=23」で白ダイアモンドになる。

出力記号の大きさやマージンを変更する場合は「cex=a,mex=b」を指定する。たとえば、「cex=1.25,mex=1.25」にすると、出力記号は25％大きくなり、マージンは25％広くなる。

点の色を変えたい場合は「col=c」で指定する。たとえば、「c=2」で赤、「c=3」で緑、「c=4」で青になる。また、n 個の点を別の色にしたい場合は「col=1:n」にする。

y 軸に関数の式を表示したい場合は「ylab=expression(e)」を指定する。なお、「e」はRのコマンドを表わす。

たとえば、$y = \sqrt{x}$ のグラフの y 軸のラベルを「$\sqrt{x}$」にしてみよう（図2.27）。なお、このセッションは「RINT226.R」として保存する。

```
> x  =  1:10
> y  =  sqrt(x)
> plot(x,y,xlab='x',ylab=expression(sqrt(x)),
+ type='l',
+ main=' 平方根のグラフ'
```

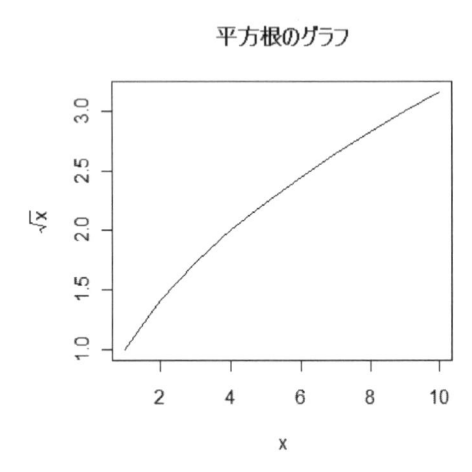

図2.27　y軸ラベルに式表示

次に、ボックス・プロットを説明する。

例題2.27　ボックス・プロット

ボックス・プロット (boxplot) は、複数の分布を比較する場合に用いられる。「a」と「b」の関係を記述するボックス・プロットは、「boxplot(a,b)」で行なわれる。なお、このセッションは「RINT227.R」として保存する。

いま、2つの方法による氷の溶解時の潜熱 (cal/gm) に関するデータA、Bがあるとする。

◆方法A

79.98　80.04　80.02　80.04　80.03　80.03　80.04
79.97　80.05　80.03　80.02　80.00　80.02

◆方法B
80.02　79.94　79.98　79.97　79.97　80.03　79.95
79.97

これらのデータから、「boxplot」でボックス・プロットを行ってみよう（図2.28）。

```
> a = c(79.98,80.04,80.02,80.04,80.03,80.03,
+ 80.04,79.97,80.05,80.03,80.02,80.00,80.02)
> b = c(80.02,79.94,79.98,79.97,79.97,80.03,
+ 79.95,79.97)
> boxplot(a,b)
```

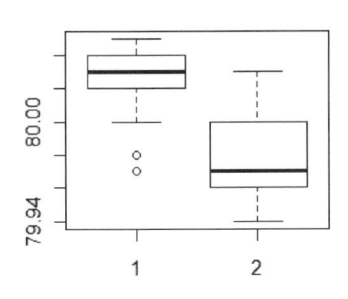

図2.28　ボックス・プロット

図2.28において、箱の外の丸い点は外れ値である。また、箱の中央付近の線分は中央値を表わしている。箱の上部の線分は75％点、下部の線分は25％点、箱の上に飛び出た線分は最大値、箱の下に飛び出た線分は最小値を表わす。なお、これらは外れ値を除いたデータに対するものである。

一見すると、方法Aの方が方法Bより高い精度の結果を与えているように見える。しかし、両者の間に有意な差があるかどうかは同等性の検定が必要である。

例題2.28　幹―葉グラフ

幹―葉グラフ（stem-and-leaf graph）は、データセットの形と分布を示すように配置するグラフであり、度数分布表よりもより情報を持つグラフである。各データは幹（stem）と葉（leaf）に分解される。なお、このセッションは「RINT228.R」として保存する。

たとえば、2桁の整数データの場合、10の桁を幹、1の桁を葉とすればよい。たとえば、

21は「2|1」と分解される。ここでは以下のデータを考えてみよう。

　　　18, 49, 3, 5, 18, 0, 27, 11, 32, 22, 53, 0, 7, 45, 36

n 桁のベクトル「x」の幹一葉グラフを表示するときは、「stem(x,scale=n)」を用いる。

```
> x = c(18,49,3,5,18,0,27,11,32,22,53,0,7,45,36)
> stem(x,scale=2)

  The decimal point is 1 digit(s) to the right of the |

  0 | 00357
  1 | 188
  2 | 27
  3 | 26
  4 | 59
  5 | 3
```

このように、幹一葉グラフはコマンドラインに表示される。

次に、棒グラフを説明する。

例題2.29　棒グラフ

　Rでは、通常よく使用されるグラフも作成することができる。**棒グラフ** (bar chart) は項目ごとの値の比較を行なうためのグラフであり、ヒストグラムも棒グラフの一種である。また棒グラフは、値の度数や割合の比較にも用いられる。なお、このセッションは「RINT229.R」として保存する。

　データ・ベクトル「x」を番号とし、データベクトル「y」を値とすると、縦棒グラフは「barplot」で作成できる (図2.29)。

```
> x = c(1,2,3,4,5,6,7,8,9,10)
> y = c(170,185,169,184,177,178,181,170,168,190)
> barplot(y,xlab='number',ylab='value',
+ main='barchart',names.arg=x,ylim=c(0,200))
```

ここで「name.arg」は各棒下に表示されるベクトルを表わし、「ylim」は y 軸の限界を表わす。

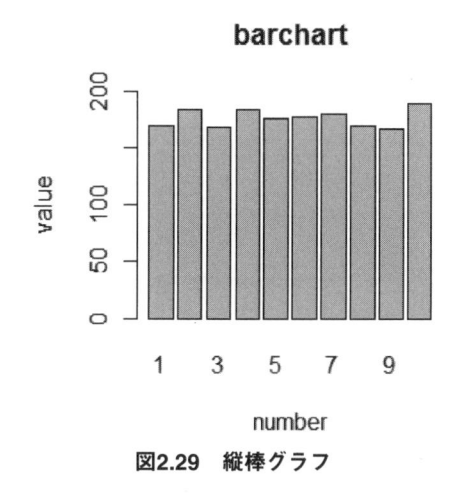

図2.29　縦棒グラフ

横棒グラフを表示するときは、オプション「horiz=TRUE」を指定すればよい。ただし、「name.arg」と「xlim」の値を変える必要がある（図2.30）。

```
> x = c(1,2,3,4,5,6,7,8,9,10)
> y = c(170,185,169,184,177,178,181,170,168,190)
> barplot(y,xlab='value',ylab='number',
+ main='barchart',names.arg=x,xlim=c(0,200),
+ horiz=TRUE)
```

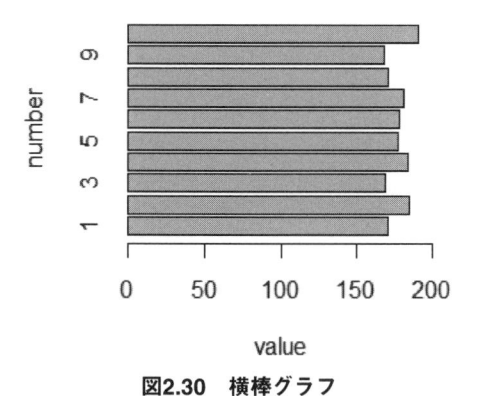

図2.30　横棒グラフ

例題2.30　円グラフ

円グラフ (pie chart) は、全体に対する項目の関係や比較を行なうための円状のグラフであり、アンケートなどで用いられる。なお、このセッションは「RINT230.R」として保存する。

円グラフは「pie」で表示できる。項目の名前は「names」で与えられ、各項目は色分けされる。また、円グラフの半径は「radius」で設定できる。ここでは、2011年1月の携帯電話のシェアの割合を円グラフにしてみよう（図2.31）。

```
> phone = c(47,27,20,2,3)
> names(phone) = c('DoCoMo','au','Softbank',
+ 'Emobile','Wilcom')
> phone.col = c('red','green','white','yellow','cyan')
> pie(phone,radius=0.9,col=phone.col,main=' 携帯電話のシェア')
```

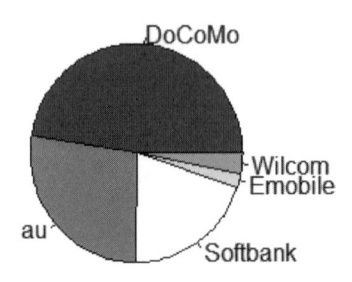

図2.31　円グラフ

ここで各項目の値はパーセントである。なお、「Willcom」はPHSであり、他は携帯電話である。

2.4 プログラミング

Rでは、ユーザーが自身で**プログラミング**（programming）を行なうことができる。Rの固有の機能を利用して、高度なプログラムを作成できる。また、作成したプログラムを関数の形で定義して保存し、再利用することもできる。

◆ 2.4.1 プログラム制御

Rには、**条件判定**（conditional）や**繰り返し**（repetition）のプログラム制御を行なう命令が用意されており、構造化プログラミングが可能である。

条件判定は、条件の真偽によって処理を選択するものである。条件判定は「if」で行なわれる。

```
if(cond) expr1 else expr2
```

ここで「cond」は条件を表わし、「expr1」「expr2」は表現を表わす。なお、「else」以下は省略可能である。

「if」では、「cond」が真であれば「expr1」を実行し、偽ならば「expr2」を実行する。なお、「if」の条件には、ブール条件を書くことができる。ブール条件には、「!」（否定）、「&&」（論理積、かつ）、「||」（論理和、または）、「xor」（排他的論理和）がある。なお、「&&」は「&」、「||」は「|」と書いてもよい。

例題2.31 条件判定

入力値「a」が正かどうかを判定するプログラムを「if」で作成してみよう。なお、このセッションは「RINT231.R」として保存する。

```
> a = scan()
1: 3
2:
Read 1 item
> if(a>0) print('a is positive') else
+         print('a is not positive')
[1] "a is positive"
```

```
> a = scan()
1: -6
2:
Read 1 item
> if(a>0) print('a is positive') else
+         print('a is not positive')
[1] "a is not positive"
```

ここで「scan」は画面から入力を行なう命令であり、「print」は引数を表示する命令である。「scan」が実行されると入力状態になるので値を入力する。「2:」で[Enter]キーを押下すると入力は終了する。

繰り返しには「for」「repeat」「while」があり、目的に応じて使い分けることができる。一定回数繰り返しは「for」で行なわれる。

  for(var in seq) expr

ここで「var」は変数を表わし、「seq」はベクトル、「expr」は表現を表わす。「for」では、「var」が「seq」の間の場合、「expr」を繰り返し実行する。

例題2.32 繰り返し（for）

1からnまでの整数の和を求めるプログラムを「for」で作成してみよう。なお、このセッションは「RINT232.R」として保存する。

```
> n = scan()
1: 10
2:
Read 1 item
> s = 0
> for(i in 1:n)
+ {
+   s = s+i
+ }
> print(s)
[1] 55
```

ここで「1:n」は、1からnまで1ずつ増加するベクトルを表わす。したがって、「i」は1からnの値を取ることになる。

単純繰り返しは「repeat」で行なわれる。

 repeat expr

なお「repeat」では、繰り返しループから抜けるための処理を記述する必要がある。

条件繰り返しは「while」で行なわれる。

 while(cond) expr

ここで「cond」は条件を表わし、「expr」は表現を表わす。「while」では、「cond」が偽になるまで「expr」が繰り返し実行される。

「break」は、繰り返し処理を中断し、ループから抜ける命令である。また「next」は、繰り返し処理を中断し、ループを継続する命令である。

例題2.33　繰り返し（while）

1からnまでの整数の和を求めるプログラムを「while」で作成してみよう。なお、このセッションは「RINT233.R」として保存する。

```
> n = scan()
1: 10
2:
Read 1 item
> s = 0
> i = 0
> while(i <= n)
+ {
+   s = s+i
+   i = i+1
+ }
> print(s)
[1] 55
```

繰り返し処理の回数が既知の場合は「for」を用い、未知の場合は「while」を用いる。

◆ 2.4.2 関数

プログラムは、関数として定義して保存すると、再利用することができる。一般的に、Rの関数でほとんどの処理を行えるが、利便性のためにユーザーが自身で関数を定義して使う場合も多い。

関数は「function」を用いて以下のように定義される。

```
func = function(arg)
    body
```

ここで「func」は関数名を表わし、「arg」は引数、「body」は関数定義を表わす。なお、引数が複数ある場合はカンマで区切る。

「body」はコマンドの列であるが、複数の場合には全体を「{」と「}」で囲む。関数定義では、Rの関数を使用することができる。

関数の戻り値は「body」の最終行となる。また、最終行に「return(value)」と書いて、戻り値として「value」を返すこともできる。定義された関数は「func(arg)」で実行される。

関数は、R Consoleに貼り付けてコピーし、「func(arg)」で実行することができる。なお、関数をRファイルとして保存しておくと便利である。Rファイルに適当な名前を付けて保存する。このとき、ファイル名と関数名を同じ名前にする必要はない。Rファイルを実行するときは、まず「source('file_name')」で読み込み、関数名で実行する。

例題2.34 関数

例題2.32の「for」を使ったプログラムを関数で書き直してみよう。なお、プログラム名は「RINT234.R」とし、「RINT」というフォルダに保存することにする。

まず、以下のようにプログラムを入力する。なお、左端の行番号（1:など）は説明上付加したものなので、入力しないこと。

```
1: # プログラム    RINT234.R
2: # 1 から n までの整数の和を求める。
3: RINT234 = function(n)
4: {
```

```
 5:    s = 0
 6:    for(i in 1:n)
 7:    {
 8:      s = s+i
 9:    }
10:    print(s)
11: }
```

[プログラム解説]

  1〜2行目 …… コメント。Rでは、「#」以下の1行がコメントになる。コメントには、日本語を書くこともできる。
  3〜11行目 …… 関数「RINT234」の定義。「function」の引数は「n」になっている。
  4〜11行目 …… 関数本体の定義。
    4行目 …… 和が格納される「s」の初期化。
    6〜9行目 …… 「for」による繰り返し処理。
    10行目 …… 結果の出力処理。

プログラム「RINT234.R」を実行すると、以下のような結果が得られる。

```
> source('c:\\RINT\\RINT234.R')
> RINT234(10)
[1] 55
> RINT234(100)
[1] 5050
```

ここで「\」は「¥」(円記号)と入力する。ファイル名先頭などの「¥」は、「¥¥」として入力しなければならない。なお、「source」はセッション終了まで有効である。

Rの関数では、**再帰呼び出し**(recursive call)も可能である。再帰呼び出しとは、関数が自分自身を呼び出すことである。

例題2.35　再帰呼び出し

階乗 $x!$ を計算する関数「fact」を、再帰呼び出しによって定義しよう。なお、この関数は「RINT235.R」として保存する。なお、Rには階乗を計算する関数「factorial」がある。

```
1: # プログラム    RINT235.R
2: # x の階乗を求める。
3: fact = function(x)
4: {
5:   ifelse(x==0,1,x*fact(x-1))
6: }
```

[プログラム解説]
  1〜2行目 …… コメント。
  3〜6行目 …… 関数「RINT235」の定義。「function」の引数は「x」になっている。
   5行目 …… 関数本体の定義。「ifelse(test,yes,no)」は「if」に対応する関数であり、「test」が真ならば「yes」を実行し、偽ならば「no」を実行する。

プログラム「RINT235.R」を実行すると、以下のような結果が得られる。

```
> source('c:\\RINT\\RINT235.R')
> fact(10)
[1] 3628800
> fact(0)
[1] 1
> fact(1)
[1] 1
```

◆ 2.4.3　ファイル処理

　データ数が少ない場合は画面からデータを入力すればよいが、データ数が多い場合は**ファイル**（file）を用いる。また、計算結果などが多い場合にもファイルの使用は有効である。ファイルを用いることで多量データや表の入出力処理が可能である。
　データは通常、Excelなどの表計算ソフトやテキスト・エディタで作成され、いわゆる**CSVファイル**（CSV file）として読み込まれる。CSVファイルとは、データをカンマで区切って並べたファイル形式である。

　では、簡単なファイルのデータ入力処理を見てみよう。

例題2.36　ファイル読み込み

ファイルを読み込み、その中の数値データの平均を求めてみよう。CSVファイルの読み込みは「read.csv」で行なわれる。なお、このセッションは「RINT236.R」として保存する。

まず、以下のようなデータ

```
1,2,3,4,5,6,7,8,9,10
```

が書き込まれているファイルを「rint236.txt」として適当なフォルダに保存する。なお、最後には改行が入力されているものとする。

続いて以下のように入力すると、ファイルの内容と平均が表示される。

```
> x = read.csv("c:\\RINT\\rint236.txt",
+ header=FALSE,sep=",")
> x
  V1 V2 V3 V4 V5 V6 V7 V8 V9 V10
1  1  2  3  4  5  6  7  8  9  10
> y = 1:10
> y
 [1]  1  2  3  4  5  6  7  8  9 10
> mean(y)
[1] 5.5
```

ここで「header=FALSE」は、ヘッダがない場合のオプションである。また、区切り文字「,」は「sep=","」で指定する。

「x」の結果は表形式で表示されるが、「V1」～「V10」はデフォルトの列名である。実際のデータ列のみを取り出したい場合は「1:10」と入力する。

例題2.37　ファイルへの書き込み

例題2.36のデータ「x」を画面から入力させ、データとその平均をファイルに書き込んでみよう。ファイル名は「¥RINT¥output.txt」とする。ファイルへのデータの書き込みは「write」で行なわれる。なお、このセッションは「RINT237.R」として保存する。

```
> x = c(1,2,3,4,5,6,7,8,9,10)
> write(x,"c:\\RINT\\output.txt",sep = " ",ncolumns=10)
> write(c("mean(x)=",mean(x)),"c:\\RINT\\output.txt",
+ append=TRUE)
```

ここで「ncolumns=10」は、列数が10であることを表わす。また、区切り文字は空白としている。「write」の「append=TRUE」は、ファイルの末尾に追加して書き込むオプションである。

「¥RINT¥output.txt」をエディタで開くと、以下のようにデータが書き込まれているのを確認できる。

```
1 2 3 4 5 6 7 8 9 10
mean(x)=
5.5
```

次に、Excelで作成した表の読み込みについて説明する。

例題2.38 Excelデータの読み込み

Excelデータを読み込んで、Rで処理してみよう。Excelデータは「read.table」で読み込める。なお、このセッションは「RINT238.R」として保存する。

まず、Excelで以下のような表を作成する。

年齢	身長	体重
20	176	71
23	181	78
21	173	80
19	179	82

1行目には必ず列名を入れる。この表をcsv形式で適当なフォルダに保存する。ここでは「Rdata.csv」とする。

続いて、このファイルを読み込み、身長と体重の平均を表示する。

2.4 プログラミング

```
> mydata = read.table("\\RINT\\Rdata.csv",
+ header=TRUE,sep=",")
> mydata
  年齢 身長 体重
1   20  176   71
2   23  181   78
3   21  173   80
4   19  179   82
> sprintf("身長平均 = %5.2f", mean(mydata$身長))
[1] "身長平均 = 177.25"
> sprintf("体重平均 = %5.2f", mean(mydata$体重))
[1] "体重平均 = 77.75"
```

ここでは列名があるので「header=TRUE」としている。また、csv形式を読み込むので「sep=","」を指定している。

例題2.39 データフレームの書き出し

Rで作成した表（データフレーム）をcsv形式で書き出して、Excelなどで利用することも可能である。**例題2.38**のデータフレームを、「write.table」を使って「sample.csv」という名前で書き出してみよう。なお、このセッションは「RINT239.R」として保存する。

```
> mydata2 = data.frame(
+ 年齢 = c(20,23,21,19),
+ 身長 = c(176,181,173,179),
+ 体重 = c(71,78,80,82))
> write.table(mydata2,"\\RINT\\sample.csv",sep=",",
+ row.names=FALSE)
> yy = read.table("\\RINT\\sample.csv",header=TRUE,
+ sep=",")
> yy
  年齢 身長 体重
1   20  176   71
2   23  181   78
3   21  173   80
4   19  179   82
```

ここで「write.table」で「row.names=FALSE」を指定しないと、csvファイルの1列目に行番号が付加され、表の形式がずれてしまう。また、読み込みのときに列名を追加するので「header=TRUE」を指定する。なお、生成されたcsvファイルは、Excelで読み込むことができる。

第3章

確率と統計

第3章では確率と統計の基礎を説明する。まず、確率の基本事項を復習した後、確率変数と確率分布を説明する。また、乱数の概要も解説する。

3.1 確率

確率 (probability) は、ある事柄が起こる確からしさを「0」と「1」の間の1つの実数値で表わしたものである。確率論では、観測や実験を**試行** (trial) といい、試行によって生じるさまざまな結果の集合、すなわち事柄は**事象** (event) という。ある事象を A とするとき、A の起こる確率を $P(A)$ と書くことにする。

後述するように、確率の概念は公理的に定義される。ここで**公理** (axiom) とは、正しいと仮定される式である。

◆ 3.1.1　確率の基礎概念

いま、すべての事象の集合を Ω とすると、ある1つの事象 A は Ω の部分集合と考えられる。なお、Ω の部分集合 $A, B, ..$ について定義される集合を次のように表記する。

A^c ……… A の**補集合** (complement)
$A \cup B$ …… A と B の**結合集合** (union)
$A \cap B$ …… A と B の**共通集合** (intersection)
$\emptyset$ ………… **空集合** (empty set)

確率論では、これらに対応する事象がある。

A^c は、A の**余事象** (complement of an event) といい、A でない事象を表わす。

$A \cup B$ は、A と B のうちの少なくとも一方が起きる事象である**和事象** (union of events) を表わす。

$A \cap B$ は、A と B がともに起きる事象である**積事象** (intersection of events) を表わす。

$\emptyset$ は、**空事象** (impossible event) を表わす。

いま、2つの事象 A と B に関して、2つのうちの一方が起きれば他方は起こらないとき、すなわち A と B がともに起こることがないとき、A と B は**排反** (disjoint) といい、これらは互いについて**排反事象** (disjoint eent) という。なお、A と B が排反ならば、$A \cap B = \emptyset$ である。

◆ 3.1.2 確率の公理的定義

次に、確率の公理的定義を示す。公理的定義とは、基本的な性質を公理として記述するものであり、コルモゴロフ（Kolmogorov）によって与えられた（Kolmogorov (1933) 参照）。確率論では、ほかにもいくつかの公理的定義があるが、コルモゴロフのものが最も標準的である。

いま、Ω のすべての部分集合の集合（べき集合）を S とすると、確率の公理システムは次の3つの公理からなる。

(P1) 任意の事象 $A \in S$ について、$P(A) \leq 1$ である。
(P2) 事象 $A \in S$ が確実に起こるならば、$P(A) = 1$ である。
(P3) 事象 $A, B \in S$ が互いに排反ならば、$P(A \cup B) = P(A) + P(B)$ である。

ここで、S は**ボレル集合体**（Borel sets）という。これらの3つの公理を満足する $P(A)$ を事象 A の確率という。

(P1) は、確率は[0,1]の値を取ることを表わしている。
(P2) は、確かな事象の確率は「1」であることを表わしている。
(P3) は、**確率の加法性**（additivity of probabilities）ともいい、背反事象の性質を表わしている。

なお、(P3) は n 個の互いに排反である事象 $A_1,..., A_n$ についても成り立つ。すなわち、

(P3a) $P(A_1 \cup ... \cup A_n) = P(A_1) + ... + P(A_n)$

も成り立つ。

また、任意の事象 $A, B \in S$ について、

(P3b) $P(A \cup B) = P(A) + P(B) - P(A \cap B)$

が成り立つ。なお、(P3b) は**加法定理**（additive theorem）ともいう。

確率論では、(Ω, S, P) は**確率空間**（probability space）という。上記の3つの公理から、確率に関する以下の性質を導くことができる。

$$0 \leq P(A) \leq 1$$
$$P(\emptyset) = 0$$
$$P^c(A) = 1 - P(A)$$
$$A \subseteq B \text{ ならば } P(A) \leq P(B)$$

◆ 3.1.3 条件付確率

事象 A, B について $P(A) \neq 0$ ならば、A が起こったときの B の**条件付確率** (conditional probability) は $P(B \mid A)$ と書く。条件付確率は、以下のように定義される。

$$P(B \mid A) = \frac{P(A \cap B)}{P(A)}$$

この定義の両辺に $P(A)$ を乗じると、

$$P(A \cap B) = P(A) P(B \mid A)$$

となるが、これは**乗法定理** (intersection theorem) という。

A と B の間に以下の関係

$$P(A \cap B) = P(A) P(B)$$

が成り立つとき、A と B は互いに**独立** (independent) という。

なお、A と B が独立ならば、

$$P(A \mid B) = P(A)$$
$$P(B \mid A) = P(B)$$

も成り立つ。

3.2 確率変数と確率分布

確率論では、事象を表わす変数のことを**確率変数**(rondom variable)という。確率変数 X は試行の結果を表わす値を取り、その実現値が任意の事象 A に含まれる割合が確率 $P(A)$ に等しいとき、X は試行に対する確率変数になる。よって、X の定義域は全事象 Ω になる。

確率変数には、その値の取り方によって、**離散確率変数**(discrete rondom variable)と**連続確率変数**(continuous rondom variable)の2種類がある。

◆ 3.2.1 離散確率変数

いま、確率変数の定義域を $\{a_1, a_2, ...\}$ とし、$P(X = a_i)$ が与えられているとき、X を離散確率変数という。離散確率変数の値は、不連続な値である。

また、$P(X = a_i) = p_i$ としたとき、

$$(a_i, p_i)\ (i = 1, 2, ..., \sum_i p_i = 1)$$

は X の**確率分布**(probability distribution)という。

一般に、確率変数に対して、**平均値**(average)、**分散**(variance)、**標準偏差**(standard deviation)の概念を定義できる。なお、平均値は「期待値」ともいう。

X の平均値: $\quad E(X) = \sum_i a_i p_i$

X の分散: $\quad V(X) = E((X - E(X))^2)$

X の標準偏差: $\quad \sigma_X = \sqrt{V(X)}$

◆ 3.2.2　連続確率変数

連続確率変数は、ある値を取る確率ではなく、取る値がある区間に入る確率を表わす。いま、dx を微少な項とし、

$$P(x < X \leq x + dx) = f(x)dx$$

とするとき、X は連続確率変数といい、$f(x)$ は X の**確率密度関数**（probability density function）という。

よって、次の関係が成り立つ。

$$P(a < X \leq b) = \int_a^b f(x)dx$$

ここで X が連続ならば、任意の a について $P(X = a) = 0$ なので、

$$P(a < X \leq b) = P(a \leq X \leq b) = P(a \leq X < b) = P(a < X < b)$$

が成り立つ。

なお、確率密度関数 $f(x)$ は、以下の性質を満足する。

$$f(x) \geq 0$$
$$\int_{-\infty}^{\infty} f(x)dx = 1$$

連続確率変数では、平均値、分散、標準偏差は以下のように定義される。

$$E(X) = \int_{-\infty}^{\infty} xf(x)dx$$
$$V(X) = \int_{-\infty}^{\infty} (x - E(X))^2 f(x)dx$$
$$\sigma_X = \sqrt{V(X)}$$

さて、確率変数 X の取る値が x_i であり、x 以下である確率を考えると、この関数は x の関数となるが、これを**分布関数**（distribution function）という。すなわち、以下のように定義される $F(t)$ が X の分布関数である。

$$F(x) = P(X \leq x) \ (-\infty \leq x \leq \infty)$$

なお、連続確率変数の分布関数は、なめらかな関数となる。

連続確率変数の場合、分布関数 $F(x)$ が微分可能ななならば、その導関数、

$$f(x) = F'(x)$$

が確率密度関数になる。微分と積分の関係から、

$$P(X \leq x) = F(x) = \int_{-\infty}^{x} f(t)dt$$

が成り立つ。すなわち、関数 $f(x)$ の $-\infty$ から x までの面積が分布関数の値になる。一般に、

$$P(a < x \leq b) = F(b) - F(a) = \int_{a}^{b} f(x)dx$$

になる。

離散確率変数の分布関数は、

$$F(x) = \sum_{x_k \leq x} p_k$$

で定義され、階段関数になる。

◆ 3.2.3 主な確率分布

では、主な確率分布について説明する。いま、サイコロを n 回投げて「1」の目が出る回数を X とすると、X の取る値は「$0, 1, 2, ..., n$」の $(n+1)$ 個である。よって、$X = r\ (r = 0, 1, 2, ..., n)$ である確率 $P(X = r)$ は、

$$P(X = r) = {}_nC_r \left(\frac{1}{6}\right)^r \left(1 - \frac{1}{6}\right)^{n-r}$$

になる。ここで、${}_nC_r$ は n 個のものから r 個のものを取り出す**組合せ** (combination) の数であり、以下のように定義される。

$$ {}_nC_r = \frac{n!}{r!(n-r)!} = \frac{n(n-1)...(n-(r-1))}{r!}$$

ただし、$n!$ は n の**階乗** (factorial) であり、以下のように定義される。

$$n! = n \times (n-1) \times ... \times 1,$$
$$0! = 1$$

ある事象 E の起こる確率を p とし、試行を何回も独立に行なったとする。このような試行を n 回繰り返したときに、r 回 E の起こる確率 $P(X = r)$ は、

$$P(X = r) = {}_nC_r p^r (1-p)^{n-r}$$

で与えられる（$r = 0, 1, 2, ..., n$）。このとき、確率変数 X は**二項分布** (binomial distribution) $B(n, p)$ に従うという。

なお、上記の試行系列は**ベルヌーイ試行** (Bernoulli trials) ともいう。二項分布は、以下の性質を満足する。

$$\sum_{r=0}^{n} P(X = r) = \sum_{r=0}^{n} {}_nC_r p^n (1-p)^{n-r} = 1$$

なお、二項分布は、n が大きくなると正規分布に近づくことが知られている。

例題3.1　二項分布

二項分布 $B(50, 0.25)$ のグラフを「plot」によってプロットしてみよう。なお、このセッションは「RINT301.R」として保存する。

まず、x の範囲を $0 \leq x \leq 50$ とする。「x=0:50」によって、x =0,1,2,...,50の値が与えられる。これは「x=seq(0,50,by=1)」と書いてもよい。

「dbinom(x,n,p)」によって、二項分布 $B(n,p)$ の確率密度関数の値が計算される。

「plot」のパラメタ「type='h'」はヒストグラム表示を表わし、「xlab」「ylab」は x,y 軸の名前を、「main」はグラフのタイトルを表わす。

```
> x = 0:50
> y = dbinom(x,50,0.25)
> plot(x,y,type='h',xlab='x',ylab='y',main=' 二項分布')
```

上記のコマンドを実行すると、図3.1のように、ウインドウに二項分布 $B(50, 0.25)$ のグラフが表示される。

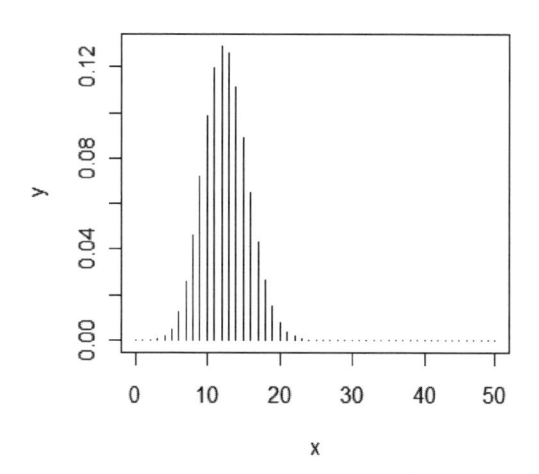

図3.1　二項分布B(50, 0.25)のグラフ

次に、**ポアソン分布**（Poisson distribution）について説明する。今、確率変数 r が 0,1,2,... のような非負の整数値を取り、その確率分布が、

$$P(X = r) = \frac{\lambda^r}{r!} e^{-\lambda} \ (\lambda > 0)$$

であるとき、X はポアソン分布に従うという。

ポアソン分布に従う事象としては、製品中の不良品の個数や一定時間内に電話がかかってくる回数などがある。

さて、式

$$_nC_r p^n (1-p)^{n-r}$$

において、

$$p = \frac{\lambda}{n}$$

とする。ただし、λ は正の定数とする。そうすると、以下のようになる。

$$\begin{aligned}
_nC_r p^n (1-p)^{n-r} &= \frac{n(n-1)...(n-r+1)}{r!} \left(\frac{\lambda}{n}\right)^r \left(1-\frac{\lambda}{n}\right)^{n-r} \\
&= \frac{\lambda^r}{n!} \frac{n(n-1)...(n-r+1)}{n^r} \left(1-\frac{\lambda}{n}\right)^{n-r}
\end{aligned}$$

ここで $n \to \infty$ のとき、以下のようになる。

$$\frac{n(n-1)...(n-r+1)}{n^r} = \left(1-\frac{1}{n}\right)\left(1-\frac{2}{n}\right)...\left(1-\frac{r-1}{n}\right) \to 1$$

また、

$$\left(1-\frac{\lambda}{n}\right)^{n-r} = \left(1-\frac{\lambda}{n}\right)^n \bigg/ \left(1-\frac{\lambda}{n}\right)$$

であるので、$n \to \infty$ とすると、

$$\left(1 - \frac{\lambda}{n}\right) = e^{-\lambda}$$

となる。よって、$n \to \infty$ のとき、

$$_nC_r p^r (1-p)^{n-r} \to \frac{\lambda^r}{r!} e^{-\lambda}$$

になる。したがって、$np = \lambda$（λ は正整数）ならば、n が大きくなるとともに p が小さくなれば、二項分布はポアソン分布に次第に近づくことがわかる。

例題3.2 ポアソン分布

$\lambda = 3$ のポアソン分布のグラフを「plot」によってプロットしてみよう。なお、このセッションは「RINT302.R」として保存する。

まず、x の範囲は $0 \leq x \leq 7$ とする。「dpois(x,lambda)」によって平均値「lambda」のポアソン分布の確率密度関数の値が計算される。また、「type='l'」は曲線表示の指定である。

```
> x = 0:7
> y = dpois(x,3)
> plot(x,y,type='l',xlab='x',ylab='y',main=' ポアソン分布')
```

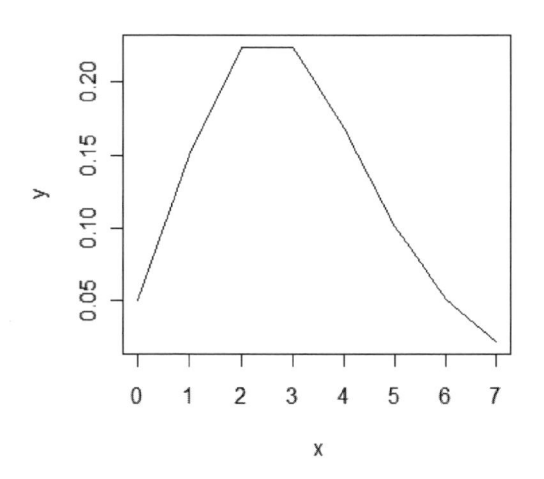

図3.2 ポアソン分布のグラフ

次に、連続確率変数の確率分布について説明する。**正規分布**(normal distribution)は、代表的な連続確率変数の確率分布のひとつであり、多くの社会現象や自然現象はこの分布に従うことが知られている。なお、正規分布はガウス(Gauss)分布ともいう。

一般に、母平均 μ、母分散 σ^2 の2つのパラメタをもつ正規分布は、$N(\mu,\sigma^2)$ と書く。正規分布の確率密度関数は、以下の式で表わされる。

$$f(x) = \frac{1}{\sqrt{2\pi}\sigma} e^{-\frac{(x-\mu)^2}{2\sigma^2}}$$

ただし、$\sigma > 0$ である。特に、$\sigma = 1$、$\mu = 0$ の場合は、**標準正規分布**(standardized normal distribution)といい、その確率密度関数は以下のように定義される。

$$f(x) = \frac{1}{\sqrt{2\pi}} e^{-\frac{x^2}{2}}$$

例題3.3 正規分布

標準正規分布 $N(1,0)$ のグラフを「plot」によってプロットしてみよう。なお、このセッションは「RINT303.R」として保存する。

まず、x の範囲は0.1間隔で $-5 \leq x \leq 5$ とする。「dnorm(x,mean,sd)」によって、正規分布 $N(mean, sd^2)$ の確率密度関数の値が計算される。「plot」のパラメタ「type='l'」(エル)は曲線表示を表わしている。

```
> x = seq(-5,5,by=0.1)
> y = dnorm(x,0,1)
> plot(x,y,type='l',xlab='x',ylab='y',main=' 標準正規分布 N(1,0)')
```

標準正規分布 N(1,0)

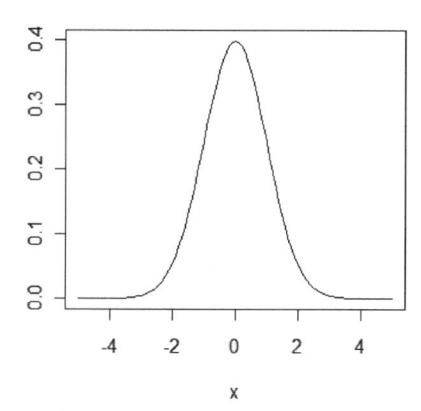

図3.3 標準正規分布N(1, 0)のグラフ

次に、**一様分布**（uniform distribution）について説明する。区間 $[a,b]$ $(a<b)$ において、

$$f(x) = \frac{1}{b-a} \quad (x \in [a,b])$$
$$f(x) = 0 \quad (x \notin [a,b])$$

を満足する確率密度関数をもつ確率変数 X は、区間 $[a,b]$ で一様分布に従う。なお、一様分布は最も単純な連続分布のひとつである。

例題3.4 一様分布

$a=0, b=1$ の一様分布のグラフを「plot」によってプロットしてみよう。$[a,b]$ の一様分布の確率密度関数は、「dunif(x,a,b)」によって計算できる。なお、このセッションは「RINT304.R」として保存する。

```
> x = 0:1
> y = dunif(x,0,1)
> plot(x,y,type='l',xlab='x',ylab='y',main=' 一様分布')
```

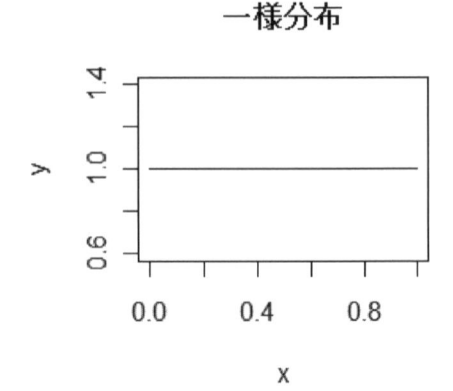

図3.4　一様分布のグラフ

ここで、上記で紹介した分布のいくつかについて、平均値 $E(X)$ と分散 $V(X)$ を計算してみよう。

まず、二項分布について考える。平均値の計算は、以下のとおりである。

$$
\begin{aligned}
E(X) &= \sum_{r=0}^{n} r \, {}_nC_r p^r (1-p)^{n-r} \\
&= \sum_{r=1}^{n} \frac{n!}{(r-1)!(n-r)!} p^r (1-p)^{n-r} \\
&= np \sum_{r=1}^{n} \frac{(n-1)!}{(r-1)!(n-r)!} p^r (1-p)^{n-r} \\
&= np \sum_{r=1}^{n-1} {}_{n-1}C_r p^r (1-p)^{n-r-1}
\end{aligned}
$$

ここで、

$$
\sum_{r=1}^{n-1} {}_{n-1}C_r p^r (1-p)^{n-r-1} = 1
$$

であるので、$E(X) = np$ になる。

分散の計算は、以下のとおりである。

$$
\begin{aligned}
V(X) &= E(X^2) - (E(X))^2 \\
&= \sum_{r=0}^{n} r^2 {}_nC_r p^r (1-p)^{n-r} - n^2 p^2 \\
&= \sum_{r=0}^{n} r(r-1) {}_nC_r p^r (1-p)^{n-r} + \sum_{r=0}^{n} r {}_nC_r p^r (1-p)^{n-r} - n^2 p^2 \\
&= \sum_{r=0}^{n} r(r-1) {}_nC_r p^r (1-p)^{n-r} + np - n^2 p^2 \\
&= n(n-1)p^2 + np - n^2 p^2 \\
&= np(1-p)
\end{aligned}
$$

例題3.5 二項分布の平均値と分散

二項分布の平均値と分散を実例で確かめてみよう。なお、このセッションは「RINT305.R」として保存する。

12個のサイコロを同時に投げて、「5」または「6」の目が出た回数を調べた。総計26306回行った結果は、以下のようになった。

回数	0	1	2	3	4	5	6	7	8	9
度数	185	1149	3265	5475	6114	5194	3067	1331	403	105

回数	10	11	12
度数	18	0	0

上記の表から平均値と分散を求めると、以下のようになる。

```
> x=c(0,1,2,3,4,5,6,7,8,9,10,11,12)
> x
 [1]  0  1  2  3  4  5  6  7  8  9 10 11 12
> y=c(185,1149,3265,5475,6114,5194,3067,1331,403,105,19,0,0)
> y
 [1]  185 1149 3265 5475 6114 5194 3067 1331  403  105   19
       0    0
> n=sum(y)
> heikin=sum(x*y)/n
> heikin
[1] 4.052458
> bunsan=sum((x-heikin)^2*y/n)
> bunsan
[1] 2.697442
```

平均値の理論値 $12 * 2/6 = 4$、分散の理論値 $12 * (2/6) * (4/6) = 2.6667$ とほぼ近くなっている。

実験結果の分布曲線を描画すると、図3.5のようになる。

```
> plot(y/n~x,xlab="x",ylab="確率（実験）")
```

ここで「y/n~x」は**モデル式** (model formula) といい、「y/n」を「x」でモデル化することを表わす。すなわち、これによって「y/n」は「x」の値によって区分けされる。

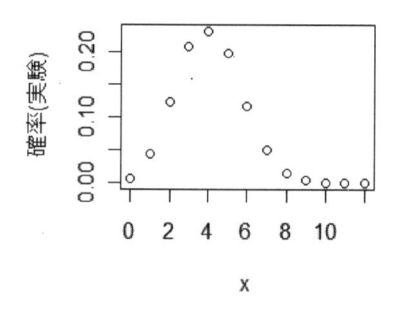

図3.5　実験による結果

二項分布によって実験の結果を検証するために、二項分布曲線 $B(12, 1/3)$ を描画すると、図3.6のようになる。

```
> pp=dbinom(0:12,size=12,prob=1/3)
> pp
 [1] 7.707347e-03 4.624408e-02 1.271712e-01 2.119520e-01
 2.384460e-01
 [6] 1.907568e-01 1.112748e-01 4.768921e-02 1.490288e-02
 3.311751e-03
 [11] 4.967626e-04 4.516023e-05 1.881676e-06
> plot(pp,xlab="x",ylab="確率")
```

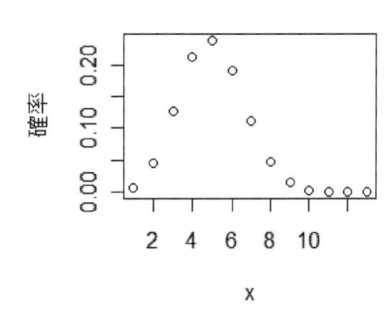

図3.6　2項分布B(12, 1/3)

ここで、図3.5の分布曲線（実験値）の形状は、図3.6の分布曲線（理論値）の形状に近いことが分かる。

次に、ポアソン分布の場合を考えてみよう。ポアソン分布の場合、以下の計算のように、平均値も分散も λ になる。

$$
\begin{aligned}
E(X) &= \sum_{n=0}^{\infty} n \frac{\lambda^n}{n!} e^{-\lambda} \\
&= \lambda \sum_{n=1}^{\infty} \frac{\lambda^{n-1}}{(n-1)!} e^{-\lambda} \\
&= \lambda \sum_{n=0}^{\infty} \frac{\lambda^n}{n!} e^{-\lambda} = \lambda
\end{aligned}
$$

$$
\begin{aligned}
V(X) &= E(X^2) - (E(X))^2 \\
&= \sum_{n=0}^{\infty} n^2 \frac{\lambda^n}{n!} e^{-\lambda} - \lambda^2 \\
&= \sum_{n=0}^{\infty} n(n-1) \frac{\lambda^n}{n!} e^{-\lambda} + \sum_{n=0}^{\infty} n \frac{\lambda^n}{n!} e^{-\lambda} - \lambda^2 \\
&= \lambda^2 \sum_{n=0}^{\infty} \frac{\lambda^{n-2}}{(n-2)!} e^{-\lambda} + \lambda - \lambda^2 \\
&= \lambda^2 + \lambda - \lambda^2 = \lambda
\end{aligned}
$$

ポアソン分布の平均値と分散を実例で確かめてみよう。

第3章 確率と統計

例題3.6 ポアソン分布の確認

　ロンドン南部地区がVロケットで爆撃された回数のデータを解析する。なお、このセッションは「RINT306.R」として保存する。

　Vロケットとは、ドイツが第二次世界大戦中（1944年）に開発したロケット兵器V-2のことであり、ロンドンには実に1358発が発射された。V-2は音速以上で飛来し、その当時迎撃手段が無かったため、イギリス市民などに恐怖を与えたと言われている。

　ロンドンの南部地区を567個に分けて、それらの地区がV-2により何度爆撃されたかを調べた結果、以下のようになった。

回数	0	1	2	3	4	5	6以上
地区数	229	211	93	35	7	1	0

```
> x = c(0,1,2,3,4,5)
> x
[1] 0 1 2 3 4 5
> y = c(229,211,93,35,7,1)
> y
[1] 229 211  93  35   7   1
> 地区総数 = sum(y)
> 地区総数
[1] 576
> 平均 = sum(x*y)/地区総数
> 平均
[1] 0.9288194
> 分散 = sum((x-平均)^2*y)/地区総数
> 分散
[1] 0.9341694
```

　ここでは平均値と分散がほぼ等しいので、ポアソン分布が適用できる。データのグラフとポアソン分布のグラフを描いて比較してみよう。実験結果を確率分布にするには、「y」を「地区総数」で割る。

```
> plot(y/地区総数~x)
```

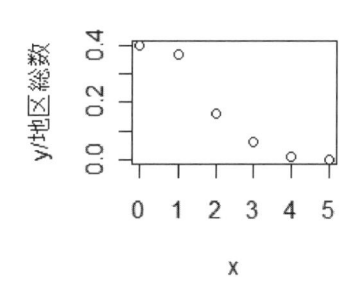

図3.7 データによる結果

```
> pd = dpois(x=0:5,lambda=平均)
> plot(pd,xlab='x',ylab='Poison 分布')
```

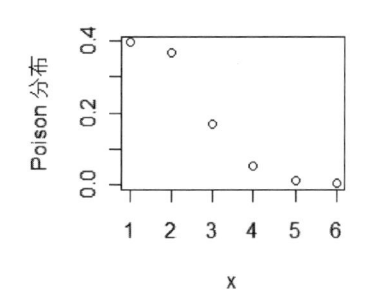

図3.8 ポアソン分布 ($x = 6, \lambda = 0.9288194$)

最後に、正規分布の場合を考える。正規分布では、X の確率密度関数 $f(x)$ は以下のように書ける。

$$f(x) = \frac{1}{\sqrt{2\pi}\sigma} e^{-\frac{(x-\mu)^2}{2\sigma^2}}$$

いま、$Y = \dfrac{X - \mu}{\sigma}$ とすれば、Y の確率密度関数 $h(y)$ は、

$$h(y) = \frac{1}{\sqrt{2\pi}} e^{-\frac{y^2}{2}}$$

になる。

よって、$E(Y)$ を計算すると以下のようになる。

$$E(Y) = \frac{1}{\sqrt{2\pi}} \int_{-\infty}^{\infty} y e^{-\frac{y^2}{2}} dy = 0$$

また、$V(Y)$ を計算すると以下のようになる。

$$\begin{align*}
V(Y) &= E(Y^2) - (E(Y))^2 = E(Y^2) \\
&= \frac{1}{2\pi} \int_{-\infty}^{\infty} y^2 e^{-\frac{y^2}{2}} dy \\
&= \frac{1}{2\pi} \left[-y e^{-\frac{y^2}{2}} \right]_{-\infty}^{\infty} + \frac{1}{\sqrt{2\pi}} \int_{-\infty}^{\infty} e^{-\frac{y^2}{2}} dy \\
&= \frac{1}{\sqrt{2\pi}} (0 + \sqrt{2\pi}) = 1
\end{align*}$$

以上から、$E(X)$ と $V(X)$ を以下のように求めることができる。

$$\begin{align*}
E(X) &= \frac{1}{2\pi} \int_{-\infty}^{\infty} x e^{-\frac{(x-\mu)^2}{2\sigma^2}} dx \\
&= \frac{1}{\sqrt{2\pi}} \int_{-\infty}^{\infty} (\mu + \sigma t) e^{-\frac{t^2}{2}} dt \\
&= \mu \frac{1}{\sqrt{2\pi}} \int_{-\infty}^{\infty} e^{-\frac{t^2}{2}} dt + \sigma \frac{1}{\sqrt{2\pi}} \int_{-\infty}^{\infty} t e^{-\frac{t^2}{2}} dt \\
&= \mu \\
V(X) &= \frac{1}{\sqrt{2\pi}} \int_{-\infty}^{\infty} (x-\mu)^2 e^{-\frac{(x-\mu)^2}{2\sigma^2}} dx \\
&= \frac{\sigma^2}{\sqrt{2\pi}} \int_{-\infty}^{\infty} t^2 e^{-\frac{t^2}{2}} dt
\end{align*}$$

ここで部分積分を適用すると、以下の式が得られる。

$$\begin{aligned}\int_{-\infty}^{\infty} t^2 e^{-\frac{t^2}{2}} dt &= -\int_{-\infty}^{\infty} t(-t) e^{-\frac{t^2}{2}} dt \\ &= \left[-t e^{-\frac{t^2}{2}}\right]_{-\infty}^{\infty} + \int_{-\infty}^{\infty} e^{-\frac{t^2}{2}} dt \\ &= \int_{-\infty}^{\infty} e^{-\frac{t^2}{2}} dt\end{aligned}$$

この結果を使用すると、$V(X)$ は次のようになる。

$$V(X) = \sigma^2 \frac{1}{\sqrt{2\pi}} \int_{-\infty}^{\infty} e^{-\frac{t^2}{2}} dt = \sigma^2$$

例題3.7　正規分布の確認

標準正規分布の平均（=0）と分散（=1）を正規乱数1000個を用い確かめてみよう。なお、このセッションは「RINT307.R」として保存する。

```
> x = rnorm(1000)
> mean(x)
[1] 0.01071816
> sd(x)
[1] 0.987025
```

3.3 乱数

乱数（random number）は、ある区間のランダムな数値であり、データ生成やシミュレーションなどの分野で利用されている。特に、乱数を利用したシミュレーションは**モンテ・カルロ法**（Monte Carlo method）ともいう。

◆ 3.3.1 乱数の種類

乱数には、正規乱数、一様乱数、擬似乱数がある。

正規乱数（normal random number）は、正規分布に従う乱数である。

一様乱数（uniform random number）は、ある区間内のすべての実数が同じ確率で出現する乱数である。たとえば、サイコロを投げたときに出る目の数や、コインを投げたときの表と裏などは一様乱数になる。

擬似乱数（pseudo-random number）は、コンピュータで生成される乱数であり、前の乱数の値から次の乱数の値を計算して乱数を発生させる。擬似乱数は、**シード**（seed）といわれる内部的初期値から計算される。したがって、ある特定の数により計算される乱数は同じになる。よって、擬似乱数は予測性があるということで、厳密な意味では「乱数」とはならない。

主な擬似乱数生成法には、**混合合同法**（mixed congruential method）や**平方採中法**（middle-square method）などがある。

◆ 3.3.2 乱数と分布

まず、正規乱数を発生させてヒストグラムを表示してみよう。ヒストグラムによって乱数の分布を視覚化できる。

例題3.8　正規乱数とヒストグラム

データの分布はばらつきを表わすが、データ中のどの値が何回出現したかを計測したものは**度数分布**（frequency distribution）といい、それを表にしたものは**度数分布表**（frequency table）という。また、度数分布表を縦棒グラフにしたものは**ヒストグラム**（histogram）という。

正規乱数を1000個発生させ、度数を25分割した場合のヒストグラムを表示してみよう。なお、このセッションは「RINT308.R」として保存する。

まず、n個の正規乱数は「rnorm(n)」で発生させる。次に、「hist」でヒストグラムを表示する（**図3.9**）。なお、第2引数は棒の数である。

```
> x = rnorm(1000)
> hist(x,25,xlab=' 正規乱数値',ylab=' 度数',
+ main=' 正規分布図 (n=1000)')
```

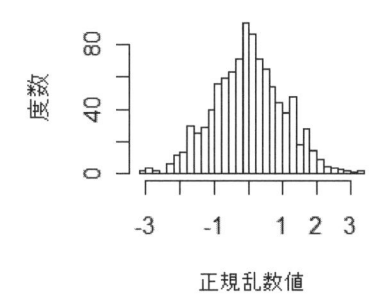

図3.9　ヒストグラム（1000個、25分割）

なお、乱数の数を10000個にして30分割でヒストグラムを表示させると、**図3.10**のようになる。

```
> x = rnorm(10000)
> hist(x,30,xlab=' 正規乱数値',ylab=' 度数',
+ main=' 正規分布図 (n=10000)')
```

正規分布図(n=10000)

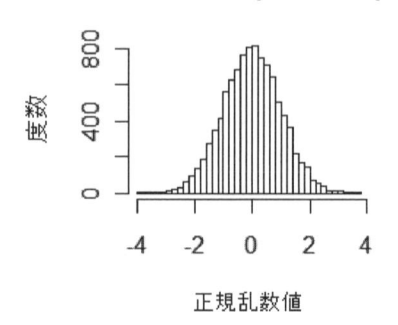

図3.10 ヒストグラム（10000個、30分割）

ここで、得られたヒストグラムが正規分布のグラフと似ていることを確かめる。似ていないときには、乱数の数を増やす必要がある。

実際、ヒストグラムを曲線化すると、正規分布曲線に似た形になる。近似曲線の追加は、「density」を用いて**密度評価**（density estimation）した結果を「lines」で曲線にすればよい。この場合、「hist」のパラメタとして「prob=TRUE」が必要になる。すなわち、全体の面積は「1」に規格化される。

10000個の正規乱数のヒストグラムに近似曲線を追加すると、図3.11のようになる。

```
> x = rnorm(10000)
> hist(x,30,prob=TRUE,xlab=' 正規乱数値',
+ ylab=' 度数',main=' ヒストグラムと近似曲線')
> lines(density(x))
```

ヒストグラムと近似曲線

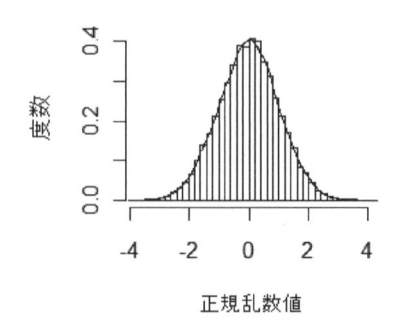

図3.11 ヒストグラムと近似曲線（10000個、30分割）

ここでは正規乱数を再発生させているため、ヒストグラムの形は異なっている。

次に、二項分布に従う乱数を発生させてみよう。

例題3.9 二項乱数

コインの表を「1」とし、裏を「0」とする。10回コインを投げたときのランダムな列を生成してみよう。表と裏の出る確率はそれぞれ「0.5」である。なお、このセッションは「RINT309.R」として保存する。

二項分布に従う乱数は、「rbinom(n,size,prob)」で生成される。ここで「n」は生成される乱数の数を表わし、「size」は試行回数、「prob」は各試行の成功確率を表わす。

```
> rbinom(10,size=1,p=0.5)
 [1] 0 0 1 0 1 1 1 1 0 1
```

すでに述べたように、このような試行はベルヌーイ試行という。

次に、ランダム列を1000個発生させて「1」が出る確率を調べてみよう。

```
> pp = rbinom(1000,size=1,p=0.5)
> sum(pp)
[1] 506
> pp = rbinom(1000,size=1,p=0.5)
> sum(pp)
[1] 497
```

「1」が出る数が「500」に近い値になっていることがわかる。

◆ 3.3.3　乱数の平均と標準偏差 ◆

一様乱数を発生させ、平均と標準偏差を求めてみよう。これらの値を求めることによって、乱数の性質がわかる。

第3章　確率と統計

例題3.10　一様乱数

一様乱数は「runif」で生成することができる。10個の一様乱数を生成し、平均と標準偏差を求めてみよう。なお、このセッションは「RINT310.R」として保存する。

シミュレーションなどでは、同じ系列の乱数が必要な場合もあるが、同じ乱数を再現したい場合には「set.seed(s)」を事前に入力する。ここで「s」はシードであり、適当な整数値を指定する。

```
> set.seed(123)
> x = runif(10)
> x
 [1] 0.2875775 0.7883051 0.4089769 0.8830174 0.9404673 0.0455565 0.5281055
 [8] 0.8924190 0.5514350 0.4566147
> mean(x)
[1] 0.5782475
> sd(x)
[1] 0.2947400
> set.seed(123)
> x = runif(10)
> x
 [1] 0.2875775 0.7883051 0.4089769 0.8830174 0.9404673 0.0455565 0.5281055
 [8] 0.8924190 0.5514350 0.4566147
```

次に、正規乱数の平均と標準偏差を求めてみよう。

例題3.11　正規乱数

$N(0,1)$ に従う正規乱数を10個発生させ、それらの平均と標準偏差を求めてみよう。なお、このセッションは「RINT311.R」として保存する。

```
> options(digits=2)
> nr = rnorm(10)
> nr
 [1] -0.7676 -1.1026 -0.6222  0.1663 -0.6255 -1.8809 -0.0983  0.0071  0.5778
[10] -0.2294
> mean(nr)
[1] -0.46
> sd(nr)
[1] 0.7
```

ここで「options(digits=2)」は小数点以下2桁を表示するオプションである。発生させる乱数の数を増やすと平均は「0」に、標準偏差は「1」に近づく。

たとえば、発生乱数の数を1000個にすると、以下のようになる。

```
> x = rnorm(1000)
> mean(x)
[1] -0.016
> sd(x)
[1] 1
```

例題3.12　正規乱数と正規分布

正規乱数を1000個発生させ、その分布が正規分布とどの程度ずれているかを確かめてみよう。このずれは**正規Q-Qプロット**（normal Q-Q plot）によって視覚化できる。すなわち、正規分布の分位点 x に対して正規乱数の分位点 y をプロットする。正規乱数が正規分布に従っていれば、$y = x$ 上に個々の正規乱数がプロットされる。なお、このセッションは「RINT312.R」として保存する。

```
> x = rnorm(1000)
> qqnorm(x)
> qqline(x)
```

ここで、点は「qqnorm」で表示され、直線は「qqline」によって表示される。点のQ-Qプロットは図3.12のようになる。

Normal Q-Q Plot

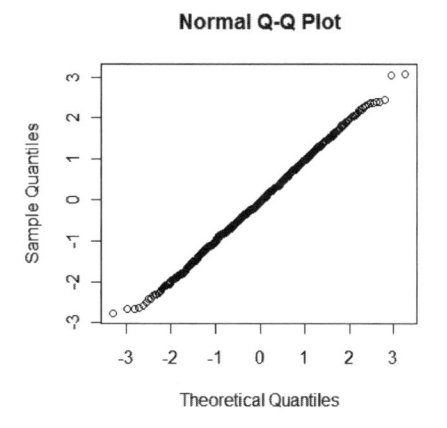

図3.12　Q-Qプロット（点）

直線のQ-Qプロットは図3.13のようになる。

Normal Q-Q Plot

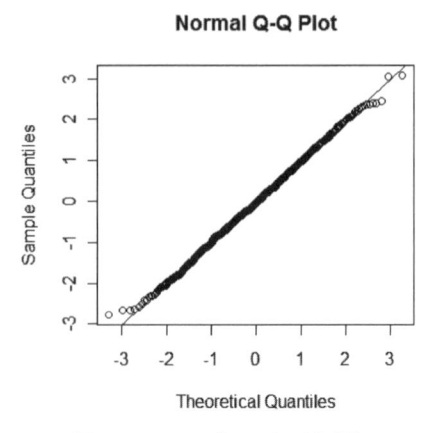

図3.13　Q-Qプロット（直線）

ここで、直線は点に追加されている。

第4章

統計分析

第4章では統計分析を説明する。まず、基本統計量、すなわち代表値と散布度を解説する。次に、相関係数について解説する。

4.1 代表値

ここでは、記述統計学に基づく統計分析を解説する。データを集めると、対象となる集団の特徴を表現することが必要となる。統計学では、集団の特徴を表現するために**基本統計量**（basic statistic）が用いられる。基本統計量は、**代表値**（central tendency）と**散布度**（variance）に分類される。

代表値は、集団の性質を1つの代表的な数値で表わすものである。それに対して、散布度は、分布の散らばりを表わすものである。

代表値と散布度には、以下のような種類がある。

代表値 …… 平均値、中央値、最頻値、パーセンタイル
散布度 …… 分散、標準偏差、範囲、四分位偏差、変動係数、尖度、歪度

◆ 4.1.1 平均

まず、**平均**（mean）について説明する。統計学では、さまざまな形の平均が使用されている。平均には、算術平均、幾何平均、調和平均などがある。

算術平均（arithmetic mean）は相加平均ともいい、もっとも多用される平均である。n個のデータ $x_1, \ldots, x_n$ の算術平均 m は以下のように定義される。

$$m = \frac{1}{n}\sum_{i=1}^{n} x_1$$

例題4.1　平均

平均は「mean」で計算される。なお、このセッションは「RINT401.R」として保存する。

```
> x = c(4,1,-3,5,-2,7,-3.5,-1,4.6)
> n = NROW(x); n
[1] 9
> mean(x)
[1] 1.344444
```

ここで「NROW(x)」はベクトル「x」のデータ数を表示する。なお、「NROW」の代わりに「length」を用いることもできる。

◆ 4.1.2 中央値

中央値 (median) は、データを大きさの順に並べたとき、ちょうど真中の値であり、メディアンともいう。

中央値 med は、以下のように求められる。

$$med = x_m \qquad (m = (n+1)/2)$$
$$med = (x_m + x_{m+1})/2 \quad m = n/2$$

ここで x_m は m 番目のデータを表わす。よって、データの個数が奇数か偶数かによって中央値の定義は異なる。

例題4.2　中央値

中央値は「median」によって計算される。なお、このセッションは「RINT402.R」として保存する。

```
> x = c(4,1,-3,5,-2,7,-3.5,-1,4.6)
> median(x)
[1] 1
> y = c(3,1,4,2)
> median(y)
[1] 2.5
```

最頻値 (mode) は、データ中で最も多く出現する値であり、モードと呼ばれることもある。Rには最頻値を求める関数はないが、ヒストグラムを作成して求めることは可能である。

ここで、平均値、中央値、最頻値の性質をまとめると、平均値は頑強な値でないのに対して、中央値と最頻値は頑強な値である。なお、頑強な値とは、外れ値の影響を受けにくいことを意味している。

◆ 4.1.3　パーセンタイル

　パーセンタイル (percentile) は、データを昇順に並べたときの小さい方から数えて全体のある％に位置する値である。特に、全体の25％、50％、75％の値は、それぞれ第1四分位点、第2四分位点、第3四分位点という。ここで、第2四分位点は中央値のことである。

　また、第3四分位点から第1四分位点を引いた値は、**四分位偏差**（quartile deviation）といい、データのばらつきを表わす。

　n 個のデータの p ％のパーセンタイル p_perc は、以下のように定義される。

$$p\_perc = (1-a)d_{m+1} + ad_{m+2}$$

ここで、m は $(n-1)p/100$ の整数部を表わし、a は小数部を、d_m は昇順の m 番目のデータを表わす。なお、異なるパーセンタイルの定義が用いられることもある。

　たとえば、ベクトル「y」の25％点は以下のように計算される。まず、

$$3 \times 25/100 = 0.75$$

より、$m=0, a=0.75$ になる。また「y」を昇順に並べると「1,2,3,4」となるので、$d_1=1, d_2=2$ になる。よって、

$$25\_perc = 0.25 \times 1 + 0.75 \times 2 = 1.75$$

になる。

　同様にして75％点は、以下のように計算される。

$$3 \times 75/100 = 2.25$$

より、$m=2, a=0.25$ になる。また「y」を昇順に並べると「1,2,3,4」になるので、$d_3=3, d_4=4$ になる。よって、以下のようになる。

$$75\_perc = 0.75 \times 3 + 0.25 \times 4 = 3.25$$

例題4.3　パーセンタイル

「x」の第1-3四分位点、および0%点、100%点は、一括して「quantile」で計算され、結果は表の形で表示される。

また「x」の四分位偏差は「IQR(x)」で計算される。四分位偏差は四分位範囲ともいい、「IQR(x)/2」を用いる場合もある。なお、このセッションは「RINT403.R」として保存する。

```
> quantile(y)
  0%  25%  50%  75% 100%
1.00 1.75 2.50 3.25 4.00
> IQR(y)
[1] 1.5
```

また、「quantile(y,prob=p)」で $(100p)$ %点 $(0 \leq p \leq 1.0)$ を計算することもできる。

```
> quantile(y,prob=0)
0%
 1
> quantile(y,prob=0.25)
 25%
1.75
> quantile(y,prob=0.5)
50%
2.5
> quantile(y,prob=0.75)
 75%
3.25
> quantile(y,prob=0.9)
90%
3.7
> quantile(y,prob=1.0)
100%
   4
```

4.2 散布度

次に、散布度について説明する。散布度には、分散、標準偏差、範囲、四分位偏差、変動係数、尖度、歪度がある。なお、四分位偏差は前節で説明したとおりである。

◆ 4.2.1 分散

分散（variance）はデータのばらつきを表わす。分散 s^2 の定義は、以下のとおりである。

$$s^2 = \frac{1}{n} \sum_{i=1}^{n} (x_i - m)^2$$

ここで n はデータ数を表わし、$x_1, \ldots, x_n$ はデータ、m は平均を表わす。分散によって確率変数 X がどの程度の範囲にあるかを示すことができる。なお、Rには、分散を計算する関数はない。

s^2 の定義の分母 n を $n-1$ に変えて得られる分散は、**不偏分散**（unbiased variance）という。すなわち、不偏分散 u^2 の定義は以下のとおりである。

$$u^2 = \frac{1}{n-1} \sum_{i=1}^{n} (x_i - m)^2$$

不偏分散は、推定や検定で利用される分散の概念であり、母分散の推定値を表わす。なお、不偏分散は「var」で計算される。データ数が多ければ、分散と不偏分散の差は無視できる。

$$S = \sum_{i=1}^{n} (x_i - m)^2$$

で定義される S は**偏差平方和**（sum of square bias）という。また、

$$x_i - m$$

は偏差 (bias) という。

◆ 4.2.2　標準偏差

標準偏差 (standard deviation) は、分散の平方根であり、確率分布がその平均値 μ のまわりにどの程度広がっているかを与える値と考えられる。標準偏差 σ は、

$$\sigma = \sqrt{V}$$

で定義される。なお、標準偏差は「sd」で計算される。

◆ 4.2.3　範囲

範囲 (range) は、最大値から最小値を引いた値であり、データのばらつきを表わす。範囲 R は以下のように定義される。

$$R = Max - Min$$

ここで、Max は最大値を表わし、Min は最小値を表わす。よって、R の値が大きいほどデータのばらつきが大きいことになる。なお、範囲は「range」で計算される。

◆ 4.2.4　変動係数

変動係数 (coeffcient of variation) は、標準偏差を平均で割った値であり、単位の異なるデータのばらつきを表わす。すなわち、変動係数 C は、平均値に対する標準偏差の割合を表わし、以下のように定義される。

$$C = \frac{\sigma}{m}$$

したがって、変動係数が大きいほど、ばらつきが大きいということになる。

例題4.4　散布度

散布度の例を示す。なお、このセッションは「RINT404.R」として保存する。

```
> x = c(4,1,-3,5,-2,7,-3.5,-1,4.6)
> n = NROW(x)
> n
[1] 9
> range(x)
[1] -3.5  7.0
> IQR(x)
[1] 6.6
> IQR(x)/2
[1] 3.3
> var(x)
[1] 15.26778
> sd(x)
[1] 3.9074
> sum((x-mean(x))^2)/n
[1] 13.57136
> sqrt(sum((x-mean(x))^2)/n)
[1] 3.683932
> C = sd(x)/mean(x)
> C
[1] 2.906331
```

データの分布を特徴付ける概念として、**5数要約** (five number summary) がある。ここで「5数」とは、最小値、下ヒンジ値、中央値、上ヒンジ値、最大値のことである。

下ヒンジ値 (lower hinji) とは最小値と中央値の間の中央値であり、**上ヒンジ値** (upper hinji) とは中央値と最大値の間の中央値である。

例題4.5　5数要約

5数要約は「fivenum」で得られる。なお、このセッションは「RINT405.R」として保存する。

```
> y = c(3,1,4,2)
> fivenum(y)
[1] 1.0 1.5 2.5 3.5 4.0
```

「fivenum」の結果は上記の順序で表示されている。

集団の分布は、必ずしも正規分布になるとは限らない。すなわち、分布は左右対称でなく**ゆがみ**や**とがり**を持つことがある。ゆがみを表わす値は**歪度**（わいど、kurtosis）といい、とがりを表わす値は**尖度**（せんど、skewness）という。

例題4.6 歪度と尖度

データの分布の歪度と尖度を求めてみよう。なお、このセッションは「RINT406.R」として保存する。

歪度 Sk は、次の式で定義される。

$$Sk = \frac{n}{(n-1)(n-2)} \frac{1}{u^3} \sum_{i=1}^{n} (x_i - m)^3$$

なお、$Sk = 0$ ならば左右対称であることを意味し、$Sk > 0$ ならば右に歪んであることを、$Sk < 0$ ならば左に歪んでいることを意味している。

尖度 Ku は、次の式で定義される。

$$Ku = \frac{n(n+1)}{(n-1)(n-2)(n-3)} \frac{1}{u^4} \sum_{i=1}^{n} (x_i - m)^4 - \frac{3(n-1)^2}{(n-2)(n-3)}$$

なお、$Ku = 0$ ならば正規分布と同じ形であることを意味し、$Ku > 0$ ならば正規分布より尖っていることを、$Ku < 0$ ならば正規分布より扁平であることを意味している。

尖度と歪度の定義にはいくつかのものがあるが、ここで紹介したものは標準的なものでExcelやSASなどでも用いられている。

歪度、尖度を計算する関数はないので、定義に従って計算する。

```
> x = c(1.89,2.43,2.37,2.3,1.74)
> n = length(x)
> Sk=((n/((n-1)*(n-2)))*sum((x-mean(x))^3))/
+ ((sqrt(var(x)))^3)
> Sk
[1] -0.6407088
```

```
> Ku=(((n*(n+1))/((n-1)*(n-2)*(n-3)))*sum((x-mean(x))^4))/
+ ((sqrt(var(x)))^4) -
+ (3*((n-1)^2))/((n-2)*(n-3))
> Ku
[1] -2.458639
```

4.3 相関係数

2つの確率変数の関連性は、相関係数によって記述できる。なお、後述するように、相関係数の値は相関関係の種類を示す。

◆ 4.3.1 相関関係

いま、2つの変量の対のデータ $(x_1, y_1), \ldots, (x_n, y_n)$ があるとすると、x_i, y_i 間の関係を考える必要がある。2つの変量を x, y としたとき、もし一方の変化が他方の変化にある種の関係を与えているならば、x と y の間には**相関関係** (correlation) があるという。

変量 x が増加すると変量 y も増加するとき、x と y は「正の相関がある」という。変量 x が増加すると変量 y が減少するとき、x と y は「負の相関がある」という。また、両者にいずれの関連もないときは、無相関であるという。相関関係は、**相関図** (correlation diagram) によって図式化できる。

いま、2つの変量 x, y が表4.1の形の**相関表** (correlation table) を満足しているとする。

表4.1 相関表

| x | x_1 | ... | x_n |
| y | y_1 | ... | y_n |

相関表から、図4.1のように、x 軸を横軸、y 軸を縦軸にした図が相関図である。なお、相関図は散布図ともいう。

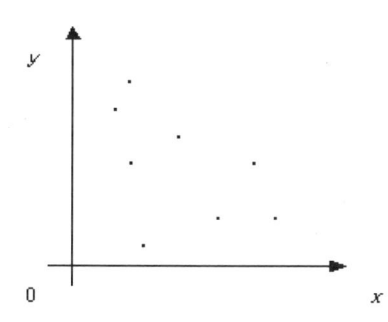

図4.1 相関図

◆ 4.3.2 相関係数

2つのデータの相関関係の程度を表わす数は、**相関係数**（correlarion coefficient）という。相関係数 r は、$-1 \leq r \leq 1$ を満足する実数値である。

r が1に近いときは「正の相関がある」といい、-1に近ければ「負の相関がある」という。また、r が0に近いときには無相関という。

相関係数にはいくつかの定義があるが、通常、ピアソン（Pearson）の**積率相関係数**（product-moment correlation coefficient）が用いられる。この相関係数は、偏差の正規分布を仮定するパラメトリックな定義である。この相関係数 r は、以下のように定義される。

$$r = cor(x, y) = \frac{\sum (x_i - \overline{x})(y - \overline{y})}{\sqrt{\sum (x_i - \overline{x})^2 \sum (y_i - \overline{y})^2}}$$

ここで、$\overline{x}$、$\overline{y}$ は、それぞれ x, y の平均を表わす。

相関係数 r から、一般に、以下のように相関関係を判定できる。

$0.8 \leq |r|$: 　　強い相関あり
$0.6 \leq |r| < 0.8$: 　相関あり
$0.4 \leq |r| < 0.6$: 　弱い相関あり
$|r| < 0.4$: 　　　　相関なし

相関関係は**因果関係**（causality）と関連するが、相関関係があっても見かけ上のものである場合もある。ここで見かけ上のものとは、データ上では成り立つが、科学的根拠が乏しいことを意味している。

たとえば、データ的には血圧と所得には正の相関があると考えられるが、所得は血圧よりも年齢や労働量などと相関があり、それが影響している結果であると考えられる。

ヒル（Hill）は、2つの要因の間に相関関係が成り立つとき、因果関係が成り立つ場合（必要条件）の基準を以下のように設定している（Hill (1965) 参照）。

(1) 2つの要因に相関関係がある。
(2) 相関関係が常に成り立つ。
(3) 2つの要因間の相関関係は特異である。
(4) 時間的前後関係が明瞭である。
(5) それなりの学問的なメカニズムが想定できる。
(6) もっともらしい。
(7) 他の仮説と矛盾しない。
(8) 実験的な証拠がある。
(9) アナロジーが成り立つ。

各基準はもっともなものであるが、(3) は2つの要因間の関連が強いことを意味する。また (4) は、因果要因は依存要因より先行することを意味する。これらの基準によって、因果関係を「因果関係のない関連」と区別することができる。

例題4.7 相関（1）

惑星の太陽からの距離と、惑星の質量の間に相関があるかどうかを考えてみよう。なお、このセッションは「RINT407.R」として保存する。

軌道長半径と公転周期の関係については、ケプラー（Kepller）の第3法則が成り立つ。すなわち、惑星の公転周期の2乗は、軌道の半長径の3乗に比例する。

以下の**表4.2**（出典：理科年表第77冊）は、地球の軌道長半径（長さ）、地球の質量（質量）、地球の周期（周期）に関するデータである。

4.3 相関係数

表4.2 軌道長半径と公転周期

	軌道長半径	質量	公転周期
水星	0.3871	0.05527	0.24085
金星	0.7233	0.815	0.61521
地球	1	1	1
火星	1.5237	0.1074	1.88089
木星	5.2026	317.83	11.8622
土星	9.5549	95.16	29.4578
天王星	19.2184	14.54	84.0223
海王星	30.1104	17.15	164.774
冥王星	39.5405	0.0023	247.796

相関のチェックと相関図の表示は、「cor.test」によって次のように行なわれる。

```
> length=c(0.3871,0.7233,1,1.5237,5.2026,9.5549,19.2184,
+ 30.1104,39.5405)
> mass=c(0.05527,0.815,1,0.1074,317.83,95.16,14.54,17.15,
+ 0.0023)
> cor.test(length,mass)

        Pearson's product-moment correlation

data:  length and mass
t = -0.4313, df = 7, p-value = 0.6792
alternative hypothesis: true correlation is not equal to 0
95 percent confidence interval:
 -0.7453655  0.5634400
sample estimates:
      cor
-0.160883
> plot(length,mass)
```

x, y の相関係数は「cor(x,y)」で計算されるが、「cor.test(x,y)」による相関テストによって、相関係数および信頼区間も計算できる。ここでは、相関係数は「-0.16」、信頼区間は[-0.745,0.563]となるので、「相関はない」と結論を出できる。なお、相関図は図4.2のようになる。

第4章 統計分析

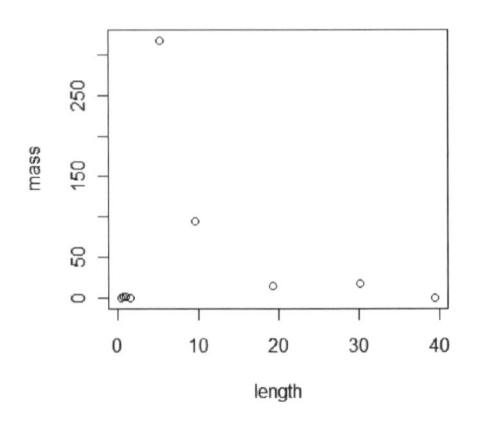

図4.2 軌道長半径と質量の間の相関図

例題4.8 相関（2）

シマリスの体温と心拍数の関係を考えてみよう。相関表は**表4.3**のようになる（出典：理科年表第77冊）。なお、このセッションは「RINT408.R」として保存する。

表4.3 シマリスと体温と心拍数

体温	心拍数
38.8	493.5
33.0	399.0
39.2	485.0
35.8	476.7
16.8	244.4
12.9	199.0
12.3	195.4
9.4	96.2
8.6	77.5
8.3	68.4
8.1	63.4

相関のチェックと相関図の表示は、以下のように行なわれる。

```
> temp = c(38.8,33.0,39.2,35.8,16.8,12.9,12.3,9.4,8.6,8.3,8.1)
> count = c(493.5,399.0,485.0,476.7,244.4,199.0,195.4,96.2,
+ 77.5,68.4,63.4)
```

```
> cor.test(temp,count)

        Pearson's product-moment correlation

data:  temp and count
t = 17.6374, df = 9, p-value = 2.743e-08
alternative hypothesis: true correlation is not equal to 0
95 percent confidence interval:
 0.9445615 0.9964399
sample estimates:
      cor
0.9858406
> plot(temp,count)
```

相関係数は「0.986」で、その信頼区間は[0.944, 0.996]であるので、「強い相関がある」と結論できる。なお、相関図は図4.3のようになる。

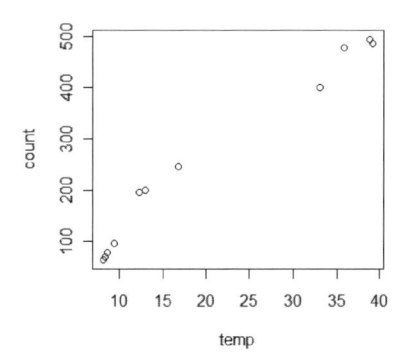

図4.3 体温と心拍数の間の相関図

第5章

推定と検定

第5章では推測統計を説明する。まず、推測統計の基礎になる標本分布について説明する。次に、推定と検定をさまざまな実例を用いて解説する。

5.1 標本分布

推測統計学では、多量のデータから一部、すなわち標本を用いる。研究対象となるデータの集団は、**母集団** (population) という。母集団は、その大きさによって、**無限母集団** (infinite population) と**有限母集団** (finite population) に分類される。

母集団のデータを分析するための調査方法には、**全数調査** (complete survey) と**標本調査** (sample survey) がある。

全数調査は母集団のデータをすべて調査するものであり、標本調査は母集団の一部のデータを調査するものである。ここで、母集団の一部は**標本** (sample) という。また、標本に含まれるデータ数は**標本の大きさ** (sample size) という。

◆ 5.1.1 標本抽出

母集団から標本を取り出す方法には、**有意抽出** (purposive sampling) と**無作為抽出** (rondom sampling) がある。

有意抽出は専門家の判断を加えて母集団から標本を選ぶ方法であり、無作為抽出は母集団から各データを決まった確率で取り出す方法である。なお、無作為抽出は任意抽出ともいう。

無作為抽出でデータを1つずつ取り出すとき、取り出したデータを元に戻す場合と戻さない場合がある。戻す場合は**復元抽出** (sampling with replacement) といい、戻さない場合は**非復元抽出** (sampling without replacement) という。

なお、有限母集団において復元抽出を行なう場合は、この母集団を無限母集団と見なすことができると考えられる。無作為抽出により、母集団の特徴を確率によって客観的に推測することができる。すなわち、n 個のデータ $x_1, ..., x_n$ を考えるとき、これらのデータをある確率分布に従う確率変数 X の n 個の**実現値** (realized value) とする数学モデルを用いる。

よって、「母集団の統計量」と「標本の統計量」を区別する必要がある。確率変数 X の平均 $E(X)$ と分散 $V(X)$ は、それぞれ**母平均** (population mean)、**母分散** (population variance) といい、母集団を特徴づける。

また、母平均と母分散をあわせて**母数** (population parameter) ともいう。今後は、母集団の大きさを N とし、母平均を $E(X) = m$、母分散を $V(X) = \sigma^2$ とする。

◆ 5.1.2 標本変量

大きさ n の標本の確率変数の組 $(X_1, ..., X_n)$ は、**標本変量** (sample value) という。そして、それらの実現値の組 $(x_1, ..., x_n)$ は、実際に抽出された標本を表わす。ここで実現値はデータと考えてよい。

この場合の平均と分散は、**標本平均** (sample mean)、**標本分散** (sample variance) といい、それぞれ $\overline{X}$ と S^2 で表わすことにする。

よって、標本平均と標本分散は以下のように定義される。

$$\overline{X} = \frac{1}{n} \sum_{i=1}^{n} X_i$$

$$S^2 = \frac{1}{n} \sum_{i=1}^{n} (X_i - \overline{X})^2$$

標本変量の関数は**統計量** (statistical value) といい、統計量の確率分布は**標本分布** (sample distribution) という。なお、上記2つの統計量の実現値も標本平均、標本分散というが、それぞれ $\overline{x}$ と s^2 で表わすことにする。

$$\overline{x} = \frac{1}{n} \sum_{i=1}^{n} x_i$$

$$s^2 = \frac{1}{n} \sum_{i=1}^{n} (X_i - \overline{x})^2$$

なお、標本分散としては、上記の s^2 の代わりに、以下の u^2 の定義が用いられることが多い。

$$u^2 = \frac{1}{n-1} \sum_{i=1}^{n} (X_i - \overline{x})^2$$

この定義の分母が $n-1$ になっていることに注意されたい。なお、u^2 は**不偏分散** (unviased variance) ということもある。

では、各統計量の平均と分散を求めてみよう。有限母集団と無限母集団の場合で計算が異なるが、有限母集団で復元抽出の場合は無限母集団と見なしてもよいので、ここでは無限母集団のみを対象にする。

まず、無限母集団の場合の $\overline{X}$ の分布について考えるが、母平均を m とし、母分散を σ^2 とする。なお、標本変数 $X_1, \ldots, X_n$ は独立と仮定する。$E(X) = m, V(X) = \sigma^2$ なので、

$$E(X_i) = m, \ V(X_i) = \sigma^2$$

になる。よって、$\overline{X}$ の平均と分散は以下のように計算される。

$$E(\overline{X}) = \frac{1}{n} \sum_{i=1}^{n} E(X_i) = m$$

$$V(\overline{X}) = \frac{1}{n^2} \sum_{i=1}^{n} V(X_i) = \frac{\sigma^2}{n}$$

母集団の分布が正規分布 $N(m, \sigma^2)$ である場合、その標本平均 $\overline{X}$ の分布は $N(m, \frac{\sigma^2}{n})$ であることが知られている。なお、母集団の分布が $N(m, \sigma^2)$ である分布は**正規母集団**（normal population）という。

標本の大きさが十分に大きいときは、標本平均の分布は**中心極限定理**（central limit theorem）を満足する。

中心極限定理

母平均 m、母分散 σ^2 の任意の分布の母集団において、大きさ n の標本平均 $\overline{X}$ の分布は、n が十分に大きいとき、正規分布 $N(m, \frac{\sigma^2}{n})$ に近似することができる。

中心極限定理より、正規分布は非常に実用上有用な分布であることがわかる。

5.2 推定

標本の値から母集団の性質を推定することを**統計的推定**（statistical estimation）、または単に**推定**（estimation）という。

◆ 5.2.1 点推定と区間推定

推定の方法には、**点推定**（point estimation）と**区間推定**（interval estimation）がある。点推定とは、未知パラメータの特定の数値を推定する方法である。一方、区間推定は、未知パラメータが取り得る一定の範囲を推定する方法である。区間推定を使うと、点推定では不可能な推定値の信頼の程度を表わすことができる。

点推定は、推定すべき母数 θ に対して、統計量 $T(X_1,...,X_n)$ の実現値 $t(x_1,...,x_n)$ をその推定値とするものである。このとき、統計量 T を母数 θ の**推定量**（estimate）という。また、推定量が $E(T) = \theta$ を満足するとき、T は θ の**不偏推定量**（unbiased estimate）ともいう。不偏推定量は、分布の平均値と真のパラメータの値の偏りがない推定量であり、点推定における望ましい推定量のひとつと考えられる。

区間推定は、標本変量 $X_1, ... , X_n$ からの2つの統計量 T_1, T_2 とそれらの実現値を t_1, t_2 として、母数 θ が区間 (t_1, t_2) 内にあるかを推定するものである。ここで、

$$P(T_1 < \theta < T_2) = 1 - \alpha$$

を満足するとき、区間 (T_1, T_2) を θ の**信頼区間**（confidence interval）といい、$1-\alpha$ を**信頼係数**（confidence coefficient）、T_1 を**下限値**（smallest value）、T_2 を**上限値**（largest value）という。よって、推定では、信頼係数は大きいほど望ましいことになる。以下では、さまざまな推定の例を紹介する。

◆ 5.2.2 母平均の推定

ここでは「母平均の推定」を解説するが、母分散が既知かどうかで推定方法が異なる。

いま、大きさ n の標本変量を $X_1, \dots, X_n$ とする。母集団の分布が $N(m, \sigma^2)$ で σ^2 がわかっているとき、標本平均 $\overline{X}$ の分布は $N(m, \frac{\sigma^2}{n})$ である。よって、母平均 m の「$(1-\alpha) \times 100\,\%$」信頼区間は、以下の関係から求めることができる。

$$P(\overline{X} - z(\alpha)\frac{\sigma}{\sqrt{n}} < m < \overline{X} + z(\alpha)\frac{\sigma}{\sqrt{n}}) = \int_{-z(\alpha)}^{z(\alpha)} g(t)dt = 2\int_{0}^{z(\alpha)} g(t)dt$$

ただし、$z(\alpha)$ は標準正規分布における「$100 \times \alpha\,\%$」点を表わしており、その値は付録の標準正規分布表によって計算できる。

この関係より、信頼区間は、

$$(\overline{X} - z(\alpha)\frac{\sigma}{\sqrt{n}}, \overline{X} + z(\alpha)\frac{\sigma}{\sqrt{n}})$$

になり、また、信頼係数は、

$$2\int_{0}^{z(\alpha)} g(t)dt$$

になる。

> **例題5.1 母分散が既知である場合の母平均の区間推定**

いま、母分散 $\sigma^2 = 0.04$ の正規分布に従う母集団から、大きさ「5」の標本を取ったら以下のようなデータを得た。

  1.89, 2.43, 2.37, 2.30, 1.74

この場合の母平均の信頼区間を信頼係数「0.95」で求めてみよう。なお、このセッションは「RINT501.R」として保存する。

まず、標本平均 $\overline{X}$ を計算すると、

$$\overline{X} = \frac{1.89 + 2.43 + 2.37 + 2.30 + 1.74}{5} = 2.146$$

になる。次に、

$$z(\frac{\alpha}{2}) = z(0.025)$$

の値を正規分布表から求める。まず、標準正規分布表から「0.5−0.025＝0.475」となる x の値を見る。そうすると、「1.96」になっている。よって、

$$z(0.025) = 1.96$$

になる。これは、$x = 1.96$ の確率が「0.025」であることを意味している。したがって、

$$z(\frac{\alpha}{2})\frac{\sigma}{\sqrt{n}} = 1.96\frac{0.2}{\sqrt{5}} = 0.1753$$

になる。これより、下限値 T_1 と上限値 T_2 は以下のようになる。

$$T_1 = \overline{X} - z(\frac{\alpha}{2})\frac{\sigma}{\sqrt{n}} = 2.146 - 0.1753 = 1.9707$$
$$T_2 = \overline{X} + z(\frac{\alpha}{2})\frac{\sigma}{\sqrt{n}} = 2.146 + 0.1753 = 2.3213$$

　以上の計算から、データの母平均は信頼度95％で1.97〜2.32の間の値であると推定できる、と結論することができる。
　では、この推定をRで行なってみよう。

```
> data = c(1.89,2.43,2.37,2.30,1.74)
> n = 5
> sigma = 0.2
> a = 0.05
> Xb = mean(data)
> Xb
[1] 2.146
> u = qnorm(1-a/2)
> u
[1] 1.959964
```

```
> T1 = Xb-u*sigma/sqrt(n)
> T1
[1] 1.970695
> T2 = Xb+u*sigma/sqrt(n)
> T2
[1] 2.321305
```

ここで「qnorm(p)」は p %確率点を求める関数である。

母分散が未知の場合の母平均区間推定は、標本分散 s^2 の代わりに、

$$u^2 = \frac{1}{n-1}\sum_{i=1}^{n}(X_i - \overline{X_i})^2$$

で定義される不偏分散が用いられる。ここで $n-1$ は自由度という。

いま、平均が m である正規母集団からの大きさ n の標本について、以下の統計量

$$T_i = \frac{\overline{X_i} - m}{u_i/\sqrt{n}}$$

を考える。ただし、$\overline{X_i}$ は標本平均とし、u_i は標本標準偏差とする。そうすると、T_i は自由度 $n-1$ の**t分布** t_{n-1}（t-distribution）に従う。なお、t 分布は、標準正規分布 $N(0,1)$ に似た形状の分布である。

標本平均を $\overline{X}$ とおき、標本分散を u、母平均を m、データ数を n とおき、

$$t = \frac{\overline{X} - m}{u/\sqrt{n}}$$

とすると、t 分布の確率密度関数は、

$$f_\phi(t) = \frac{\Gamma((\phi+1)/2)}{\Gamma(\phi/2)\sqrt{\pi\phi}}$$

で定義される。ただし、$\phi = n-1$ は自由度を表わし、Γ は Γ 関数を表わす。

例題5.2 t分布のグラフ

自由度 $\phi=1$ のときの t 分布のグラフを描画してみよう。「dt(x,n,log=FALSE)」によって、確率密度関数 $t_n(x)$ が計算される。なお、このセッションは「RINT502.R」として保存する。

```
> x = seq(-5,5,by=0.1)
> y = dt(x,1,log=FALSE)
> plot(x,y,type='l',xlab='x',ylab='y',main='t 分布')
```

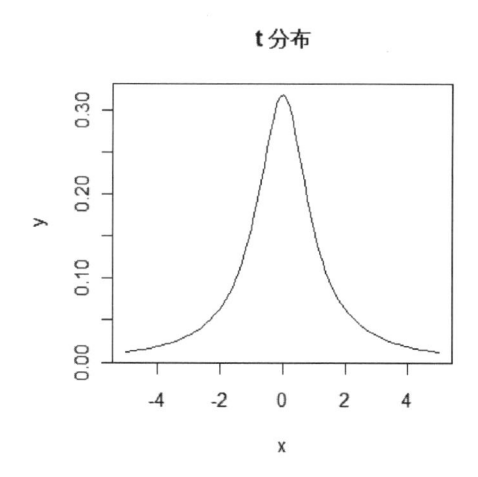

図5.1 t 分布のグラフ ($\phi=1$)

さて、**ガンマ関数**（Γ function）$\Gamma(p)$ は、

$$\Gamma(p) = \int_0^\infty x^{p-1} e^{-x} dx \quad (p > 0)$$

の右辺の収束する広義積分として定義される p の関数である。ガンマ関数は、

$$\Gamma(p+1) = p\Gamma(p),$$
$$\Gamma(1) = 1$$

第5章　推定と検定

を満足する。よって、自然数 p について、

$$\Gamma(p+1) = p!$$

が成り立つ。

母分散が未知の正規母集団からの大きさ n の標本の標本平均を $\overline{X}$ とし、不偏分散を u^2 とすると、母平均 m の「$(1-\alpha) \times 100\,\%$」の信頼区間は、

$$(\overline{X} - t_{n-1}(\frac{\alpha}{2})\frac{u}{\sqrt{n}}, \overline{X} + t_{n-1}(\frac{\alpha}{2})\frac{u}{\sqrt{n}})$$

になる。なお、n が大きいときは、t_{n-1} は $N(0,1)$ と見なしてもよい。

例題5.3　母分散が未知である場合の母平均の区間推定

ある納入された製品の直径を調べたところ、以下のようなサンプル数16個のデータが得られた。

26, 33, 27, 32, 33, 24, 32, 29, 31, 30, 27, 31, 25, 34, 29, 30

これより平均は30mmであるといえるであろうか。有意水準を5%として、95%の信頼区間を調べてみよう。

自由度 ϕ は $n - 1 = 15$ となり、標本平均は、

$$\overline{X} = \frac{26 + 33 + ... + 30}{16} = 29.5625$$

になる。また、標本分散（不偏分散）は、

$$u^2 = \frac{1}{15}((26 - 29.5625)^2 + ... + (30 - 29.5625)^2) = 9.195833$$

になる。よって、$u = 3.032463$ になる。

また、t 分布表の自由度「15」、有意水準（両側）「0.05」を見ると、

$$t_{15}(0.025) = 2.13$$

になる。

以上から、信頼区間は次のように計算される。

$$T_1 = \overline{X} - t_{n-1}(\frac{\alpha}{2})\frac{u}{\sqrt{n}} = 29.5625 - 2.13 \times 9.195833/\sqrt{16} = 27.94661$$

$$T_2 = \overline{X} + t_{n-1}(\frac{\alpha}{2})\frac{u}{\sqrt{n}} = 29.5625 + 2.13 \times 9.195833/\sqrt{16} = 31.17839$$

Rでは、以下のように推定は行なわれる。なお、このセッションは「RINT503.R」として保存する。

```
> rad=c(26,33,27,32,33,24,32,29,31,30,27,31,25,34,29,30)
> n=16
> df=n-1
> a=0.05
> Xb=mean(rad)
> Xb
[1] 29.5625
> t=qt(1-a/2,df)
> t
[1] 2.131450
> u2=(1/(n-1))*sum((rad-Xb)^2)
> T1=Xb-t*sqrt(u2/n)
> T1
[1] 27.94661
> T2=Xb+t*sqrt(u2/n)
> T2
[1] 31.17839
```

これより、信頼区間は[27.95, 31.18]になるので、母平均は「30」といえる。

なお、t 分布に基づく区間推定は「t.test」によって容易に行なえる。

```
> rad=c(26,33,27,32,33,24,32,29,31,30,27,31,25,34,29,30)
> t.test(rad)

        One Sample t-test
```

```
data: rad
t = 38.9947, df = 15, p-value < 2.2e-16
alternative hypothesis: true mean is not equal to 0
95 percent confidence interval:
 27.94661 31.17839
sample estimates:
mean of x
  29.5625
```

なお、「t.test」の引数はデータである。ここでは、平均と95％の信頼区間などが表示されている。

◆ 5.2.3 母分散の推定 ◆

ここでは母分散の推定を解説するが、母平均が既知かどうかで推定方法が異なる。いずれも場合も χ^2 分布が用いられるが、統計量の定義が異なる。

母平均が m 、母分散が σ^2 の正規母集団からの大きさ n の標本を考える。そうすると、$\dfrac{X_i - m}{\sigma}$ の分布は、$N(0,1)$ になる。そして、

$$\chi^2 = \sum_{i=1}^{n} \left(\frac{X_i - m}{\sigma} \right)^2$$

の分布は、χ^2（カイ二乗）分布 (chi-squared distribution) $\chi^2(n)$ になる。

χ^2 分布の確率密度関数は、

$$\begin{aligned} f_n(x) &= \frac{x^{\frac{n}{2}-1} e^{-\frac{x}{2}}}{2^{\frac{n}{2}} \Gamma(\frac{n}{2})} \quad (x > 0) \\ &= 0 \quad (x \leq 0) \end{aligned}$$

で定義される。ここで n は自由度を表わす。

例題5.4 χ^2 分布のグラフ

自由度 $n = 10$ のときの χ^2 分布のグラフを描画してみよう。「dchisq(x,n)」によって、確率密度関数 $f_n(x)$ が計算される。なお、このセッションは「RINT504.R」として保存する。

```
> x = seq(0,30,by=0.1)
> y = dchisq(x,10)
> plot(x,y,type='l',xlab='x',ylab='y',main='chi^2 分布')
```

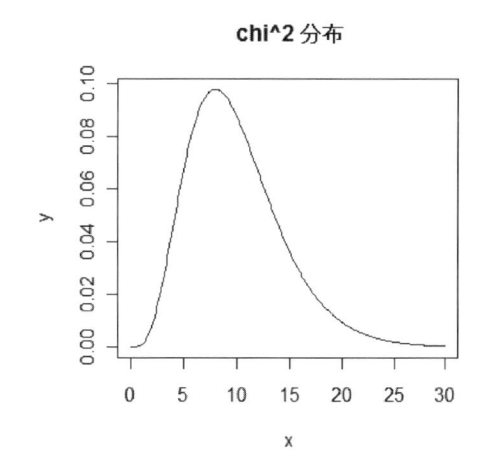

図5.2 χ^2 **分布のグラフ**（$n = 10$）

なお、

$$\chi^2 = \sum_{i=1}^{n} \left(\frac{X_i - \overline{X}}{\sigma} \right)^2 = \frac{(n-1)u^2}{\sigma^2}$$

は、$\chi^2(n-1)$ に従う。ただし、$u^2 = \dfrac{1}{n-1} \displaystyle\sum_{i=1}^{n}(X_i - \overline{X})$ は標本不偏分散である。

よって、母分散 σ^2 の $(1-\alpha) \times 100$ ％信頼区間は以下のようになる。

$$\left(\frac{(n-1)u^2}{\chi^2_{\frac{\alpha}{2}}(n-1)}, \frac{(n-1)u^2}{\chi^2_{1-\frac{\alpha}{2}}(n-1)} \right)$$

例題5.5 母平均が未知の場合の母分散の推定

いま、母平均が未知の正規母集団から以下のようなデータが得られたとする。

26, 33, 27, 32, 33, 24, 32, 29, 31, 30

このとき、母分散 σ^2 の95％信頼区間を求めてみよう。

まず、標本平均を求めると、

$$\overline{X} = \frac{26 + 33 + ... + 30}{10} = 29.7$$

になる。

標本分散（不偏分散）は、

$$u^2 = \frac{1}{9}((26 - 29.7)^2 + ... + (30 - 29.7)^2) = 9.789$$

になる。

また、χ^2 分布表から、

$$\chi^2_{0.025}(9) = 19.02$$
$$\chi^2_{0.975}(9) = 2.70$$

になる。よって、求める信頼区間は以下のようになる。

$$T_1 = \frac{9 \times 9.789}{19.02} = 4.63$$
$$T_2 = \frac{9 \times 9.789}{2.70} = 32.63$$

Rで区間推定を行なうと以下のようになる。なお、このセッションは「RINT505.R」として保存する。

```
> x=c(26,33,27,32,33,24,32,29,31,30)
> mean(x)
[1] 29.7
```

```
> var(x)
[1] 9.788889
> q1=qchisq(0.025,9,lower.tail=FALSE)
> q1
[1] 19.02277
> q2=qchisq(0.975,9,lower.tail=FALSE)
> q2
[1] 2.700389
> T1=9*var(x)/q1
> T1
[1] 4.631292
> T2=9*var(x)/q2
> T2
[1] 32.62492
```

ここで、χ^2 分布の95%点は「qchisq(0.025,9,lower.tail=FALSE)」で求められている。

なお、母平均 m が既知の場合、

$$\chi^2 = \sum_{i=1}^{n} \left(\frac{X_i - m}{\sigma} \right)^2$$

は $\chi^2(n)$ に従う。したがって、母分散 σ^2 の信頼係数 $1-\alpha$ における信頼区間は、

$$\left(\frac{\sum_{i=1}^{n}(X_i - m)^2}{\chi^2_{\frac{\alpha}{2}}(n)}, \frac{\sum_{i=1}^{n}(X_i - m)^2}{\chi^2_{1-\frac{\alpha}{2}}(n)} \right)$$

になる。

5.2.4 母比率の推定

母比率は、ある性質を持つものが母集団において占める割合を表わす。同様に、標本比率を考えることができる。なお、標本比率から母比率を推定できる。

ある調査における変量 x の値が $x_i(i=1,...,n)$ となるものの個数（度数）を f_i とし、$\sum_{i=1}^{n} f_i = N$ とする。このとき、N は資料の大きさ、$\frac{f_i}{N}$ は**比率**（relative frequency）、または相対度数という。

調査などで、ある項目が現れるか現れないかに関する結果は二項分布 $B(n,p)$ に従う。母集団の中のある性質を持つものの比率 p を推定するには、大きさ n の標本から、i 番目のものがその性質を持つならば $X_i = 1$、そうでなければ $X_i = 0$ とする。

そうすると、X_i の分布は、

$$P(X_i = 1) = p,\ P(X_i = 0) = 1 - p = q$$

になる。

n が大きければ、標本比率 $\overline{X} = \frac{1}{n}\sum_{i=1}^{n} X_i$ の分布は、ほぼ $N(p, pq/n)$ になる。

中心極限定理より、

$$Z \frac{\overline{X} - p}{\sqrt{p(1-p)/n}} \approx N(0,1)$$

となる。これより、比率の信頼区間は次のようになる。

$$\left(\overline{X} - z(\frac{\alpha}{2})\sqrt{\overline{X}(1-\overline{X})/n},\ \overline{X} + z(\frac{\alpha}{2})\sqrt{\overline{X}(1-\overline{X})/n}\right)$$

ここで $z(\frac{\alpha}{2})$ は $100 \times \frac{\alpha}{2}$ 点であり、標準正規分布から得られる。

例題5.6　母比率の推定

東京のある区に住む人に対して、ある調査を1000人に行なった。ある項目に対して「賛成」と答えた人は250人いた。よって、25％が賛成といえそうである。別の区で同様

の調査を行なうと、賛成は20％になるかもしれない。しかし、40％とか10％になることはないであろう。

すなわち、「25」という数字そのものではなく、ある幅を持たせて、「この位の幅（例：22〜28％）ならば、この程度（例：90％）の信用がある」と理解したほうがよいであろう。

ここで、95％信頼区間で母比率の推定を行なうと以下のようになる。まず、標準正規分布表より、

$$z(0.025) = 1.96$$

になる。よって、

$$T_1 = 0.25 - 1.96 \times \sqrt{0.25 \times 0.75/1000} = 0.2231616$$
$$T_2 = 0.25 + 1.96 \times \sqrt{0.25 \times 0.75/1000} = 0.2768384$$

になる。

よって、信頼区間は22.3〜27.7％になる。

Rで区間推定を行なうと以下のようになる。なお、このセッションは「RINT506.R」として保存する。

```
> r = 0.25
> n = 1000
> a = 0.05
> u = qnorm(1-a/2)
> u
[1] 1.959964
> T1 = r - u*sqrt(r*(1-r)/n)
> T1
[1] 0.2231621
> T2 = r + u*sqrt(r*(1-r)/n)
> T2
[1] 0.2768379
```

母比率の推定を「prop.test(f,N,conf)」で行なうこともできる。ここで「f」は度数を表わし、「N」は資料の大きさ、「conf」は信頼係数$1-\alpha$を表わす。なお、このセッションは「RINT506.R」として保存する。

```
> prop.test(250,1000,0.95)

        1-sample proportions test with continuity correction

data:  250 out of 1000, null probability 0.95
X-squared = 10301.06, df = 1, p-value < 2.2e-16
alternative hypothesis: true p is not equal to 0.95
95 percent confidence interval:
 0.2236728 0.2782761
sample estimates:
   p
0.25
```

上記の結果から、下限が22.4%、上限が27.8%であることがわかる。よって、信頼区間は22.4〜27.8%とすればよい。

次に、10000人に対して2500人が「賛成」と答えた場合を調べる。

```
> prop.test(2500,10000,0.95)

        1-sample proportions test with continuity correction

data:  2500 out of 10000, null probability 0.95
X-squared = 103143.2, df = 1, p-value < 2.2e-16
alternative hypothesis: true p is not equal to 0.95
95 percent confidence interval:
 0.2415608 0.2586324
sample estimates:
   p
0.25
```

ここで、信頼区間が24.2〜25.9%になっていることに注意しよう。アンケート調査の結果を見るときは、標本数をチェックしてから結果を吟味する必要がある。

5.3 検定

標本の値から母数に違いがあるかどうかを確かめることは、**検定**（test）または統計的仮説検定という。検定では、**仮説**を立てて、それが正しいかどうかを判断する。

◆ 5.3.1 仮説

検定では、対象となる仮説である**帰無仮説**（null hypothesis）と、帰無仮説を棄てる場合に取る仮説である**対立仮説**（alternative hypothesis）が用いられる。一般に、帰無仮説は H_0 と書き、対立仮説は H_1 と書く。

検定を行なうには、まず、標本変量 $(X_1, ..., X_n)$ からの適当な統計量を T とする。ここで、棄却域となるある範囲 w を設定し、T の実現値が w 内ならば仮説 H_0 を偽であるとして棄てる。T の実現値が w 内でなければ仮説 H_0 を真であるとして棄てない。なお、帰無仮説を棄てる場合は、対立仮説を採択することになる。

検定では2種類の誤りを犯す可能性がある。第一の誤りは、帰無仮説が正しいのに、これを棄てるというものである。この誤りは**第一種の誤り**（error of the first kind）という。第二の誤りは、帰無仮説が誤りであるのに、これを採択する誤りである。この誤りは**第二種の誤り**（error of the second kind）という。

また、検定で用いられる棄却域は次のように決める。まず、$P(T \in w \mid H_0) = \alpha$ となるような w を決める。通常、α は「0.05」または「0.01」である。よって、α は H_0 が真であるとき、T が w 内に入る確率を表わす。すなわち、H_0 を棄てる確率になる。また、α は第一種の誤りを犯す確率でもあり、**危険率**（level of significance）、または有意水準という。

なお、第一種の誤りを犯す確率は、**p値**（probability value）または有意確率という。すなわち、p 値は仮説が棄却される有意水準の最小値である。よって、p 値と危険率の大小を比較することで検定を行なうこともできる。

次に、H_0 が偽であるときに真である仮説、すなわち対立仮説を H_1 とする。そうすると、第二種の誤りを犯す確率は $\beta = P(T \notin w \mid H_1)$ となる。よって、対立仮説 H_1 に依存して β の値は決まる。

しかし、さまざまな対立仮説を考えることができるので、第二種の誤りを犯す確率を計算するのは容易でない。したがって、α を一定にして、設定された対立仮説に対し

て β が小さくなるように w を決めればよい。

検定は、危険率の取り方によって、**両側検定**（two sided test）と**片側検定**（one sided test）に分類される。両側検定は、母数が違うかどうかを検定する場合に用いられる。なぜなら、母数がある値よりも「大きい場合と小さい場合」を考慮するからである。一方、片側検定は、「ある値より小さい場合」の検定と、「ある値より大きい場合」の検定に用いられる。なお、片側検定は、左側検定または下側検定ともいい、両側検定は右側検定または上側検定ともいう。

◆ 5.3.2 母平均の検定

母平均の検定では、母平均が特定の値に等しいか（大きいか、小さいか）を決める。なお、母分散が既知かどうかで方法が異なる。

例題5.7 母分散が既知である場合の母平均の検定

データは**例題**5.1と同じものを用い、母分散は $\sigma^2 = 0.04$ とする。

1.89, 2.43, 2.37, 2.30, 1.74

この場合に、母平均を「2.0」と結論してよいかを5％の危険率で検定してみよう。なお、このセッションは「RINT507.R」として保存する。

ここで、母集団の分布が $N(m, \sigma^2)$ で σ^2 がわかっているとき、

$$Z = \frac{\overline{X} - m}{\sigma/\sqrt{n}}$$

の分布は $N(0, 1)$ になる。

帰無仮説と対立仮説を

$$H_0 : m = m_0$$
$$H_1 : m \neq m_0$$

とすると、両側検定になり、

$$|\overline{X} - m_0| > z(\frac{\alpha}{2})\frac{\sigma}{\sqrt{n}}$$

ならば、危険率 α で H_0 を棄却することができる。
また、

$$H_0 : m = m_0$$
$$H_1 : m < m_0$$

とすると、片側検定になり、

$$\overline{X} - m_0 < -z(\alpha)\frac{\sigma}{\sqrt{n}}$$

ならば、危険率 α で H_0 を棄却することができる。
また、

$$H_0 : m = m_0$$
$$H_1 : m > m_0$$

とすると、片側検定になり、

$$\overline{X} - m_0 > z(\alpha)\frac{\sigma}{\sqrt{n}}$$

ならば、危険率 α で H_0 を棄却することができる。

よって、この例題では、帰無仮説と対立仮説を以下のように設定する。

$$H_0 : m = 2.0$$
$$H_1 : m \neq 2.0$$

次に、標本平均 $\overline{X}$ を計算すると、

$$\overline{X} = \frac{1.89 + 2.43 + 2.37 + 2.30 + 1.74}{5} = 2.146$$

になる。危険率を「0.05」とすれば、

$$z(\frac{\alpha}{2})\frac{\sigma}{\sqrt{n}} = 1.96\frac{0.2}{\sqrt{5}} = 0.1753$$
$$\overline{X} - m = 2.146 - 2.0 = 0.146$$

になる。

よって、危険率「0.05」で帰無仮説は棄てられないので、

「危険率0.05で母平均を2.0と見なしてもよい」

という結論が得られる。

この検定をRで行なうと以下のようになる。なお、検定の判定は「if」で行なわれている。

```
> x = c(1.89,2.43,2.37,2.30,1.74)
> n = 5
> sigma = 0.2
> a = 0.05
> m0 = 2.0
> xbar = mean(x)
> xbar
[1] 2.146
> left = abs(xbar-m0)
> left
[1] 0.146
> right = qnorm(1-a/2)*sigma/sqrt(n)
> right
[1] 0.1753045
> if(left > right) print("m != 2.0") else print("m = 2.0")
[1] "m = 2.0"
```

検定は、p値と危険率を比較することによっても行える。いま、αを危険率とし、p値をpとすると、以下のようになる。

$$p = P(z \geq z_\alpha \mid H_0) \quad H_1 : m_0 > m \text{ を棄却 (片側検定)}$$
$$p = P(z \leq z_\alpha \mid H_0) \quad H_1 : m_0 < m \text{ を棄却 (片側検定)}$$
$$p = P(\mid z \mid \geq z_{\frac{\alpha}{2}} \mid H_0) \quad H_1 : m_0 \neq m \text{ を棄却 (両側検定)}$$

先ほどの例の場合、

```
> x = c(1.89,2.43,2.37,2.30,1.74)
> n = 5
> a = 0.05
> m0 = 2.0
> xbar = mean(x)
> xbar
[1] 2.146
> sigma = 0.2
> z = abs(xbar-m0)/(0.2/sqrt(n))
> z
[1] 1.632330
> p = pnorm(z,lower.tail=FALSE)*2
> p
[1] 0.1026101
> if(p > a) print("m = 2.0") else print("m != 2.0")
[1] "m=2.0"
```

となる。なお、この例は両側検定であるので、「p=pnorm(z,lower.tail=FALSE)*2」と α の比較が行なわれている。

次に、母分散が未知である場合の母平均の検定を説明する。

例題5.8 母分散が未知である場合の母平均の検定

データは**例題5.3**と同じ、

26, 33, 27, 32, 33, 24, 32, 29, 31, 30, 27, 31, 25, 34, 29, 30

を用いる。ここで、母平均が「33」かどうかを5%の危険率で検定してみよう。なお、このセッションは「RINT508.R」として保存する。

標本平均を $\overline{X}$ とすると、前述のように、

$$t = \frac{\overline{X} - m}{u/\sqrt{n}}$$

は $t(n-1)$ に従う。

第5章　推定と検定

なお、標本平均 $\overline{X}$ と標本分散（不偏分散）u^2 は、

$$\overline{X} = 29.5625,\ u^2 = 9.195833$$

になる。

帰無仮説と対立仮説を

$$H_0 : m = m_0$$
$$H_1 : m \neq m_0$$

とすると、両側検定になり、

$$|\overline{X} - m_0| > t_{\frac{\alpha}{2}}(n-1)\frac{u}{\sqrt{n}}$$

ならば、危険率 α で H_0 を棄却することができる。

また、

$$H_0 : m = m_0$$
$$H_1 : m < m_0$$

とすると、片側検定になり、

$$\overline{X} - m_0 < -t_\alpha(n-1)\frac{u}{\sqrt{n}}$$

ならば、危険率 α で H_0 を棄却することができる。

また、

$$H_0 : m = m_0$$
$$H_1 : m > m_0$$

とすると、片側検定になり、

$$\overline{X} - m_0 > t_\alpha(n-1)\frac{u}{\sqrt{n}}$$

ならば、危険率 α で H_0 を棄却することができる。

例題では、両側検定が用いられ、

$$|\overline{X} - m_0| = 3.4375$$
$$t_{0.025}(15)\frac{u}{\sqrt{16}} = 1.615886$$

になるので、$H_1 : m \neq 33$ という結論となる。

この検定をRで行なうと以下のようになる。

```
> x = c(26,33,27,32,33,24,32,29,31,30,27,31,25,34,29,30)
> xbar = mean(x)
> xbar
[1] 29.5625
> a = 0.05
> n = 16
> df = n-1
> t = qt(1-a/2,df)
> t
[1] 2.131450
> m0 = 33
> left = abs(xbar-m0)
> u = var(x)
> u
[1] 9.195833
> right = t*sqrt(u/n)
> if(left > right) print("m != 33") else print("m = 33")
[1] "m != 33"
```

p値と危険率の比較により、検定は以下のようになる。

$$p = P(t_\alpha(n-1) < t \mid H_0) \quad H_1 : m < m_0 \text{ を棄却 (片側検定)}$$
$$p = P(t_\alpha(n-1) > t \mid H_0) \quad H_1 : m > m_0 \text{ を棄却 (片側検定)}$$
$$p = P(|t_{\frac{\alpha}{2}}(n-1) - m_0| >$$
$$\quad |t_{\frac{\alpha}{2}}(n-1) - m_0| \mid H_0) \quad H_1 : m \neq m_0 \text{ を棄却 (両側検定)}$$

この考え方で検定すると以下のようになる。

```
> x = c(26,33,27,32,33,24,32,29,31,30,27,31,25,34,29,30)
> xbar = mean(x)
```

```
> xbar
[1] 29.5625
> a = 0.05
> n = 16
> df = n-1
> m0 = 33
> t = abs(xbar-m0)/sqrt(var(x)/16)
> t
[1] 4.534268
> p = pt(t,15,lower.tail=FALSE)*2
> p
[1] 0.0003953759
> if(p > a) print("m=33") else print("m!=33")
[1] "m!=33"
```

なお、この検定は「t.test(x,mu=m0,alt="two.sided")」でも可能である。片側検定は「alt="less"」または「alt="greater"」で行なうことができる。

```
> x = c(26,33,27,32,33,24,32,29,31,30,27,31,25,34,29,30)
> t.test(x,mu=33,alt="two.sided")

        One Sample t-test

data:  x
t = -4.5343, df = 15, p-value = 0.0003954
alternative hypothesis: true mean is not equal to 33
95 percent confidence interval:
 27.94661 31.17839
sample estimates:
mean of x
  29.5625
```

ここで「t.test」の出力は、t、df、p値、検定結果、95％信頼区間、標本平均になっている。

◆ 5.3.3 平均値の差の検定

平均値の差の検定は、2つの母集団の母平均が等しいかを決めるもので、等平均の検定ともいう。なお、データに対応があるかによって検定の方法は異なる。

例題5.9 対応のある平均値の差の検定

学生12人に対して4月と7月に実施した試験の結果をもとに、成績が全体として向上しているかどうかを判定したい。なお、4月の成績と7月の成績は1対1に対応している。

番号	1	2	3	4	5	6	7	8	9	10	11	12
4月	76	57	72	47	52	76	64	64	66	57	38	58
7月	89	60	71	65	60	70	71	69	68	66	50	62

4月の平均点を A とし、7月の平均点を B とすると、帰無仮説と対立仮説は、以下のように設定される。

$H_0 : A = B$
$H_1 : A < B$

すなわち、H_0 は A, B の平均値に差はないことを表わし、H_1 は A の平均値より B の平均値の方が大きいことを表わしている。よって、片側検定になる。なお、H_1 を $A \neq B$ とすれば両側検定になる。

いま、2つの対応するデータ X_i, Y_i の差を $d_i = X_i - Y_i$ とする（$1 \leq i \leq n$）。差の平均値を $\bar{d}$ とし、差の不偏分散を u^2 とすると、

$$t_0 = \frac{\bar{d}}{\sqrt{u^2/n}}$$

は $t(n-1)$ に従うので、t 検定を利用できる。なお、ここでは「対応のない平均値の差」の検定は省略するが、さらに複雑になる。

ここで、4月の成績を X_i とし、7月の成績を Y_i とすると、差の平均値 $\bar{d}$ は以下のようになる。

第5章　推定と検定

$$\overline{d} = \frac{-13 - 3 + \ldots - 4}{12} = -6.166667$$

差の不偏分散 u^2 は、

$$u^2 = \frac{1}{11}((-13-(-6.166667))^2 + \ldots + (-9-(-6.166667))^2)$$
$$= 42.33333$$

になる。

検定は片側検定になり、$d_0 = 0$ とする。

$$\overline{d} - d_0 < -t_{0.05}(11)\frac{u}{\sqrt{12}}$$
$$-6.166667 - 0 < -1.795885 \times \sqrt{42.33333/12} = -3.373099$$

ならば、帰無仮説 H_0 は棄却される。よって、$H1: A < B$ が採択される。また、信頼区間は $-\infty < d_0 < -2.793568$ になる。

Rで検定すると以下のようになる。なお、このセッションは「RINT509.R」として保存する。

```
> x = c(76,57,72,47,52,76,64,64,66,57,38,58)
> y = c(89,60,71,65,60,70,71,69,68,66,50,62)
> n = 12
> df = n-1
> m = x-y
> me = mean(m)
> me
[1] -6.166667
> tt = qt(1-0.05,df)
> tt
[1] 1.795885
> left = me-0
> left
[1] -6.166667
> right = -tt*sqrt(var(m)/n)
> right
[1] -3.373099
> if(left<right) print("x < y") else print("x = y")
```

```
[1] "x < y"
> print(unlist(list("largest value: ",left-right)))
[1] "largest value: "   "-2.79356765545161"
```

ここで「list」によって、データ列はリストとして扱われている。
p 値による検定は以下のようになる。

```
> x = c(76,57,72,47,52,76,64,64,66,57,38,58)
> y = c(89,60,71,65,60,70,71,69,68,66,50,62)
> m = x-y
> me = mean(m)
> me
[1] -6.166667
> t = me/sqrt(var(m)/12)
> t
[1] -3.283219
> p = pt(t,11)
> p
[1] 0.003645989
> if(p < 0.05) print("mean(x) < mean(y)") else
+ print("mean(y) = mean(y)")
[1] "mean(x) < mean(y)"
```

対応のある平均値の差の検定は、「t.test」で行なうこともできる。

```
> x = c(76,57,72,47,52,76,64,64,66,57,38,58)
> y = c(89,60,71,65,60,70,71,69,68,66,50,62)
> t.test(x,y,alternative="less",paired=T)

        Paired t-test

data:  x and y
t = -3.2832, df = 11, p-value = 0.003646
alternative hypothesis: true difference in means is less
 than 0
95 percent confidence interval:
      -Inf -2.793568
sample estimates:
mean of the differences
             -6.166667
```

ここで対立仮説は $A < B$ であるので、「alternative="less"」とする。$A > B$ ならば「"greater"」とし、$A \neq B$ ならば「"two-sided"」とする。また、データに対応関係があるので、「paired=T」の指定が必要となる。なお、この例題は片側検定であるので、信頼区間の下限「-Inf」に意味はない。

◆ 5.3.4 母分散の検定

母分散の検定は、母集団の母分散を決めるものである。なお、母平均が既知かどうかで検定の方法は異なる。

例題5.10 母平均が未知であるときの母分散の検定

$N(m, \sigma^2)$ の正規母集団から、大きさ「15」の標本を抽出したとき、不偏分散が「1.9」であったとする。ここで、母分散 σ^2 が「1.0」かどうかを5%の危険率で検定してみよう。

帰無仮説 H_0 と対立仮説 H_1 は、$\sigma_0^2 = 1.0$ とすると、

$$H_0 : \sigma^2 = \sigma_0^2$$
$$H_1 : \sigma^2 \neq \sigma_0^2$$

となり、両側検定が行なわれる。

前述のように、統計量

$$\chi^2 = \sum_{i=1}^{n} \left(\frac{X_i - \overline{X}}{\sigma} \right)^2 = \frac{(n-1)u^2}{\sigma^2}$$

に従う。ここで $u^2 = \dfrac{1}{n-1} \sum_{i=1}^{n} (X_i - \overline{X})$ は標本不偏分散を表わす。

よって、危険率 α の棄却域は、

$$\chi^2 \leq \chi_{1-\frac{\alpha}{2}}^2(n-1) \text{ または } \chi^2 \geq \chi_{\frac{\alpha}{2}}^2(n-1)$$

になる。

また、母分散 σ^2 の $(1-\alpha) \times 100$ ％信頼区間は、

$$\left(\frac{(n-1)u^2}{\chi^2_{\frac{\alpha}{2}}(n-1)}, \frac{(n-1)u^2}{\chi^2_{1-\frac{\alpha}{2}}(n-1)} \right)$$

になる。

まず、χ^2 を計算すると、

$$\chi^2 = \frac{(n-1)u^2}{\sigma^2} = (15-1) \times \frac{1.9}{1} = 26.6$$

になる。

また、χ^2 分布表から、

$$\chi^2_{0.025}(14) = 26.1189$$
$$\chi^2_{0.975}(14) = 5.6287$$

になるので、棄却域は「26.1189」以上または「5.6287」以下になる。

したがって、H_0 は棄却されるので、

「危険率0.05で母分散を1.0と見なすことはできない」

という結論が得られる。

さらに、信頼区間は以下のようになる。

$$T_1 = \frac{14 \times 1.9}{26.1189} = 1.018420$$
$$T_2 = \frac{14 \times 1.9}{5.6287} = 4.72578$$

この検定をRで行なうと以下のようになる。なお、このセッションは「RINT510.R」として保存する。

```
> n = 15
> a = 0.05
> u2 = 1.9
```

```
> q1 = qchisq(0.025,14,lower.tail=FALSE)
> q1
[1] 26.11895
> q2 = qchisq(0.975,14,lower.tail=FALSE)
> q2
[1] 5.628726
> q = (n-1)*u2/1.0
> q
[1] 26.6
> if(q <= q1 | q2 <= q) print("sigma^2 != 1") else
+ print("sigma^2 = 1")
[1] "sigma^2 != 1"
```

ここで「|」は論理和 (or) を表わす。関係演算としては、ほかに否定「!」、論理積「&」、排他的論理和「xor」を用いることもできる。

なお、対立仮説を

$$H_1 : \sigma^2 > \sigma_0^2$$

とすると、片側検定になり、

$$\chi^2 \geq \chi_\alpha^2(n-1)$$

ならば、危険率 α で H_0 を棄却することができる。

対立仮説を

$$H_1 : \sigma^2 < \sigma_0^2$$

とすると、片側検定になり、

$$\chi^2 \geq \chi_{1-\alpha}^2(n-1)$$

ならば、危険率 α で H_0 を棄却することができる。

さらに、母平均 m がわかっている場合は、

$$\chi^2 = \sum_{i=1}^{n} \left(\frac{X_i - m}{\sigma} \right)^2$$

は $\chi^2(n)$ に従う。

よって、対立仮説を $H_1 : \sigma \neq \sigma_0^2$ とすると両側検定になり、危険率 α の棄却域は、

$$\chi^2 \leq \chi_{1-\frac{\alpha}{2}}^2(n) \text{ または } \chi^2 \geq \chi_{\frac{\alpha}{2}}^2(n)$$

になる。

対立仮説を $H_1 : \sigma^2 > \sigma_0^2$ とすると片側検定になり、危険率 α の棄却域は、

$$\chi^2 \geq \chi_\alpha^2(n)$$

になる。

対立仮説を $H_1 : \sigma^2 < \sigma_0^2$ とすると片側検定になり、危険率 α の棄却域は、

$$\chi^2 \geq \chi_{1-\alpha}^2(n)$$

になる。

◆ 5.3.5 分散の差の検定

分散の差の検定は、2つの母集団の分散が等しいかを決めるもので、**等分散の検定**ともいう。

互いに独立な2つの確率変数 X, Y の分布を、それぞれ $\chi^2(m), \chi^2(n)$ とすると、

$$F = \frac{\dfrac{X}{m}}{\dfrac{Y}{n}}$$

は自由度 m, n の**F分布** $F(m, n)$（F distribution）に従う。

F 分布の確率密度関数は、$x > 0$ のとき、

$$f_{mn}(x) = \frac{m^{\frac{m}{2}} n^{\frac{n}{2}}}{B\left(\dfrac{m}{2}, \dfrac{n}{2}\right)} \frac{x^{\frac{m}{2}-1}}{(mx+n)^{\frac{m+n}{2}}}$$

で定義される（$0 < x < \infty$）。

ここで、$B(p,q)$ は**ベータ関数**（beta function）といい、

$$B(p,q) = \int_0^1 x^{p-1}(1-x)^{q-1}dx$$

で定義される（$p, q > 0$）。

なお、ベータ関数とガンマ関数の間には、

$$B(p,q) = \frac{\Gamma(p)\Gamma(q)}{\Gamma(p+q)}$$

の関係がある。

また、X の分布が $F(m,n)$ であれば、$Y = \dfrac{1}{X}$ の分布は $F(n,m)$ になる。

例題5.11　F分布のグラフ

F分布のグラフを描画してみよう。なお、このセッションは「RINT511.R」として保存する。

```
> x = seq(0,6,by=0.1)
> y = df(x,10,20)
> plot(x,y,type='l',xlab='x',ylab='y',main='F 分布')
```

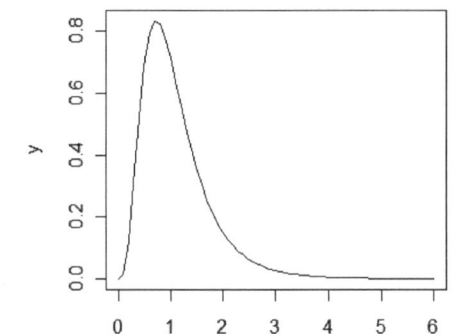

図5.3　F分布のグラフ（$m = 10, n = 20$）

分布が $N(m_1, \sigma_1^2), N(m_2, \sigma_2^2)$ である2つの母集団から独立に抽出された大きさ n_1, n_2 の標本の標本分散をそれぞれ u_1^2, u_2^2 とすると、$\dfrac{u_1^2/\sigma_1^2}{u_2^2/\sigma_2^2}$ の分布は $F(n_1-1, n_2-1)$ になることが知られている。

いま、独立な2つの母集団 $N(m_1, \sigma_1^2), N(m_2, \sigma_2^2)$ から、それぞれ抽出した大きさ n_1, n_2 の2つの標本の標本分散を u_1^2, u_2^2 とする。そして、帰無仮説 H_0 と対立仮説 H_1 を

$$H_0 : \sigma_1^2 = \sigma_2^2$$
$$H_1 : \sigma_1^2 \neq \sigma_2^2$$

とすると、両側検定となる。

いま、$u_1^2 < u_2^2$、すなわち $\dfrac{u_2^2}{u_1^2} > 1$ とする。そうすると、H_0 が正しいとき、$\dfrac{u_2^2}{u_1^2}$ の分布は $F(n_2-1, n_1-1)$ になるので、危険率 α での棄却域は、

$$\frac{u_2^2}{u_1^2} > F_{\frac{\alpha}{2}}(n_2-1, n_1-1)$$

になり、このとき危険率 α で H_0 を棄却する。

なお、σ_1^2/σ_2^2 の信頼区間は、

$$\frac{1}{F_{n_2}^{n_1}(1-\frac{\alpha}{2})}\frac{u_1^2}{u_2^2} < \frac{\sigma_1^2}{\sigma_2^2} < \frac{1}{F_{n_2}^{n_1}(\frac{\alpha}{2})}\frac{u_1^2}{u_2^2}$$

になる。

対立仮説を $H_1 : \sigma_1^2 < \sigma_2^2$ とすると片側検定になり、危険率 α での棄却域は、

$$\frac{u_2^2}{u_1^2} > F_\alpha(n_2-1, n_1-1)$$

になる。

例題5.12 分散の差の検定

ある工場の2つの製品 A, B の長さのばらつきが等しいかどうかを、それぞれ大きさ「10」の標本データから危険率10%で検定してみよう。なお、A, B の分布は正規母集団と仮定する。

A, B のデータは、

A：7.0, 6.1, 5.8, 6.1, 6.0, 5.8, 6.4, 6.1, 5.9, 5.8
B：6.1, 5.9, 5.7, 5.8, 5.9, 5.6, 5.6, 5.9, 5.6, 5.7

とする。

まず、A, B の平均 $\overline{A}, \overline{B}$ は、

$$\overline{A} = \frac{7.0 + 6.1 + ... + 5.8}{10} = 6.1$$

$$\overline{B} = \frac{6.1 + 5.9 + ... + 5.7}{10} = 5.78$$

になる。

次に、それぞれの不偏分散を求めると、

$$u_A^2 = \frac{(7.0 - 6.1)^2 + ... + (5.8 - 6.1)^2}{9} = 0.1355556$$

$$u_B^2 = \frac{(6.1 - 5.78)^2 + ... + (5.7 - 5.78)^2}{9} = 0.02844444$$

$$\frac{u_A^2}{u_B^2} = 4.765625$$

になる。よって、

$$\frac{u_A^2}{u_B^2} = 4.765625 > F_{0.05}(9, 9) = 3.178893$$

になるので、危険率10%で H_0 を棄却する。すなわち、

「A の分散 σ_A^2 と B の分散 σ_B^2 は等しくない」

と結論としてもよい。

また、信頼区間は、

$$T_1 = \frac{1}{F_9^9(0.95)} \times \frac{\sigma_A^2}{\sigma_B^2} = 0.3145749 \times 4.765625 = 1.499146$$

$$T_2 = \frac{1}{F_9^9(0.95)} \times \frac{\sigma_A^2}{\sigma_B^2} = 3.178893 \times 4.765625 = 15.14941$$

になる。

この検定をRで行なうと以下のようになる。なお、このセッションは「RINT512.R」として保存する。

```
> x = c(7.0,6.1,5.8,6.1,6.0,5.8,6.4,6.1,5.9,5.8)
> y = c(6.1,5.9,5.7,5.8,5.9,5.6,5.6,5.9,5.6,5.7)
> var(x)
[1] 0.1355556
> var(y)
[1] 0.02844444
> v = var(x)/var(y)
> v
[1] 4.765625
> F1 = qf(0.95,9,9,lower.tail=FALSE)
> F2 = qf(0.05,9,9,lower.tail=FALSE)
> if(v > F2) print("sigma_x^2!=sigma_y^2") else
+ print("sigma_x^2!=sigma_y^2")
[1] "sigma_x^2!=sigma_y^2"
> T1 = v/F2
> T2 = v/F1
> T1
[1] 1.499146
> T2
[1] 15.14941
```

なお、この検定は「var.test」で行なうこともできる。ただし、デフォルトの信頼係数は「0.95」であるので、危険率10%の検定を行なうには、オプションで「conf.level=0.9」を指定する必要がある。

```
> x = c(7.0,6.1,5.8,6.1,6.0,5.8,6.4,6.1,5.9,5.8)
> y = c(6.1,5.9,5.7,5.8,5.9,5.6,5.6,5.9,5.6,5.7)
> var.test(x,y,alternative="two.sided",conf.level=0.9)

        F test to compare two variances
```

```
data:  x and y
F = 4.7656, num df = 9, denom df = 9, p-value = 0.02934
alternative hypothesis: true ratio of variances is not equal
 to 1
90 percent confidence interval:
  1.499146 15.149412
sample estimates:
ratio of variances
         4.765625
```

ここで「ratio of variances」は、$\dfrac{u_1^2}{u_2^2}$ の値を表わしている。

第6章

単回帰分析

第6章では単回帰分析を説明する。まず、単回帰分析のモデルである線形回帰モデルを導入する。次に、最小二乗法と単回帰分析の評価について解説する。

6.1 線形回帰モデル

　回帰分析 (regression analysis) は、ある変量の値から別の変量の値を予測する分析法であり、**計量経済学** (econometrics) などに応用されている。以下では、計量経済学の題材を中心に用いて回帰分析を説明する。

◆ 6.1.1　回帰分析

　回帰分析は基本的に2種類ある。すなわち、単回帰分析と重回帰分析である。変数 X と変数 Y の関係を直線にあてはめ予測を行なう分析法は、**単回帰分析** (linear regression analysis) という。関係を曲線に当てはめる分析法は、**多項式回帰分析** (polynomial regression analysis) といい、非線形回帰モデルが用いられる。また、複数の変数からある変数の予測を行なう分析法は、**重回帰分析** (multiple regression) という。なお、重回帰分析については第7章で解説する。

　多くの経済現象の**経済モデル** (economic model) は、関数で記述される。経済モデルは、経済現象を理想化して説明するためのモデルである。
　たとえば、消費関数は、所得水準 X と消費水準 Y の関係を

$$Y = f(X)$$

と記述する関数 f である。すなわち、消費水準は所得水準に依存することを意味するものであり、経済モデルを表わしている。
　もちろん、消費水準 Y が所得水準 X に強く依存しているのは確かであるが、消費水準に影響を与える他の多くの要因もある。
　たとえば、過去の所得水準および消費水準や、将来期待される所得水準などは Y に多少なりとも影響を与えるものと考えられる。しかし、経済モデルでは、このような要因は無視される。
　よって、現実的な経済分析を行なうためには、さまざまな要因の効果を取り入れた**計量モデル** (econometric model) が必要になる。計量モデルは、経済モデルが妥当であるかを検証するための統計モデルと解釈できる。

◆ 6.1.2　線形回帰モデルの定義

では、**線形回帰モデル**（linear regression model）を厳密に考えてみよう。線形回帰モデルは、

$$Y_i = f(X_i) + \epsilon_i$$

で記述されるモデルである（$1 \leq i \leq n$）。ここで、線形関係を $f(X) = \alpha + \beta X$ とすれば、線形回帰モデルは、以下のように書ける。

$$Y_i = \alpha + \beta X_i + \epsilon_i$$

ここで、Y は**従属変数**（dependent variable）といい、X は**独立変数**（independent variable）、ϵ は**撹乱項**（disturbance term）という。なお、従属変数は被説明変数ともいい、独立変数は説明変数ともいう。

α, β は、モデルを特徴付けるパラメータ（定数）である。撹乱項は Y に影響を与えないさまざまな要因を確率的に表わしたものである。

線形回帰モデルでは、データ X から後述する最小二乗法によって α, β が決定される。すなわち、いわゆる回帰直線を求めることができる。なお、線形回帰モデルでは、一般に以下のような条件が仮定されている。

---

(1) 撹乱は確率変数であり、その期待値は「0」である。すなわち、$E(\epsilon_i) = 0$ である。
(2) 撹乱の分散は一定である。すなわち、すべての i について $V(\epsilon_i) = \sigma^2$ である。
(3) 異なる撹乱は無相関である（関連性がない）。すなわち、すべての $i \neq j$ について $E(\epsilon_i \epsilon_j) = 0$ である。
(4) ϵ_i は正規分布に従う。
(5) X_i は有限値を持つ非確率変数である。

以上の**仮定（1）〜（4）**から「撹乱項 $\epsilon_1, ..., \epsilon_n$ は互いに独立に同じ正規分布 $N(0, \sigma^2)$ に従う」といえる。すなわち、

$$\epsilon_i \sim N(0, \sigma^2)$$

が仮定されている（$1 \leq i \leq n$）。

これらの仮定した線形回帰モデルは、**標準線形回帰モデル**（standard linear regression model）という。

6.2 最小二乗法

最小二乗法（ordinary least square：OLS）は、観測値と理論値の差である「残差」の平方和を最小にすることによって、回帰直線を推定する方法である。

◆ 6.2.1 最小二乗法の原理

では、最小二乗法の原理を説明する。データを散布図にプロットしても、真の回帰直線の位置はわからない。いま、真の回帰直線は Y_i の期待値 $E(Y_i)$ として、

（1）　$E(Y_i) = \alpha + \beta X_i$

と定義できる。

式（1）は、データ (X_i, Y_i) から推定されるが、撹乱項 ϵ_i により Y_i は期待値 $E(Y_i)$ の上方または下方に現れる。

しかし、撹乱項はさまざまな要因が含まれているので、「データ Y_i」と「真の回帰直線」の差 $\epsilon_i = Y_i - E(Y_i)$ は大きな値になるとは期待されない。したがって、その差をある意味で最小にすることにより、回帰直線を推定することが可能になる。

ここで、Y_i と $E(Y_i)$ の差の二乗和

（2）　$L = \sum_{i=1}^{n}(Y_i - E(Y_i))^2 = \sum_{i=1}^{n}(Y_i - \alpha - \beta X)^2$

を用い、α, β を求めるのが最小二乗法である。

式(2)の L を最小にするには、L を α, β について微分する。そうすると、

$$
(3) \quad \frac{\partial L}{\partial \alpha} = -2\sum_{i_1}^{n}(Y_i - \alpha - \beta X_i)
$$

$$
\frac{\partial L}{\partial \beta} = -2\sum_{i_1}^{n} X_i(Y_i - \alpha - \beta X_i)
$$

となる。L を最小にする α, β は、式(3)の2式を「0」とおいたときの解となる。すなわち、

$$
(4) \quad \sum_{i=1}^{n} Y_i = n\alpha + \beta \sum_{i=1}^{n} X_i
$$

$$
\sum_{i=1}^{n} X_i Y_i = \alpha \sum_{i=1}^{n} X_i + \beta \sum_{i=1}^{n} X_i^2
$$

の解となる。なお、式(4)は正規方程式 (normal equation) という。

式(4)の解を $\hat{\alpha}, \hat{\beta}$ とすれば、

$$
(5) \quad \hat{\beta} = \frac{n(\sum_{i=1}^{n} X_i Y_i)}{n(\sum_{i=1}^{n} X_i^2) - (\sum_{i=1}^{n} X_i)^2}
$$

が得られる。

また、式(4)の第1式を n で割ると、

$$
\overline{Y} = \alpha + \beta \overline{X}
$$

が成り立つ。この式に $\hat{\beta}$ を代入すると、

$$
(6) \quad \hat{\alpha} = \overline{Y} - \hat{\beta}\overline{X}
$$

になる。

なお、$\hat{\alpha}, \hat{\beta}$ は最小二乗推定量といわれる。$\hat{Y}_i$ とデータ値 Y_i の差

$$e_i = Y_i - \hat{Y}_i$$

は、**残差**（risiduals）といい、撹乱項の推定値を表わす。

残差については、次の関係が成り立つ。

$$\sum_{i=1}^{n} e_i = 0$$
$$\sum_{i=1}^{n} X_i e_i = 0$$

これらの関係は、正規方程式に最小二乗推定量を代入して得られる。

◆ 6.2.2　回帰直線

上記では最小二乗法を抽象的に論じてきたが、直観的にその原理を説明してみよう。いま、求める回帰直線を $y = ax + b$ とする。なお、a は**傾き**（slope）といい、b は**切片**（intercept）という。

ここで、データ中の1つの点 P_i の座標を (x_i, y_i) とする。また、点 P_i と同じ x 座標を持つ回帰直線上の点 Q_i の座標を $(x_i, ax_i + b)$ とし、点 P_i と Q_i の間の距離を d_i とする（図6.1）。

最小二乗法では、$\displaystyle\sum_{i=1}^{n} d_i^2$ を最小にする a, b を計算する。すなわち、

$$S(a, b) = \frac{1}{N} \sum_{i=1}^{n} (y_i - (ax_i + b))^2$$

を最小にする a, b を求めればよい。そのためには、

$$\frac{\partial S}{\partial a} = 0$$
$$\frac{\partial S}{\partial b} = 0$$

を満足する a, b を計算することになる。

6.2 最小二乗法

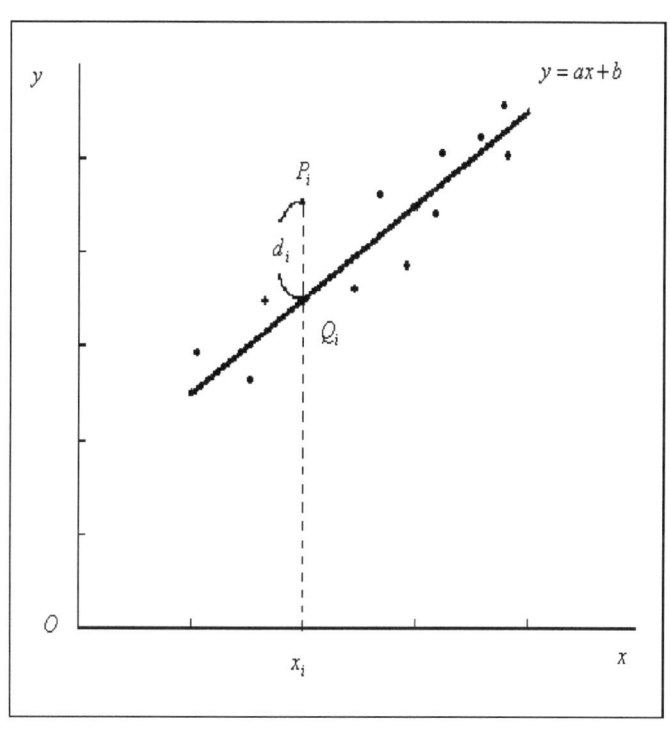

図6.1 最小二乗法の原理

よって、連立方程式

$$a\sum_{i=1}^n x_i^2 + b\sum_{i=1}^n x_i = \sum_{i=1}^n x_i y_i$$

$$a\sum_{i=1}^n x_i + bn = \sum_{i=1}^n y_i$$

を a, b について解くことになる。

そうすると、

$$a = r(x,y)\frac{\sigma(y)}{\sigma(x)},$$

$$b = \overline{y} - a\overline{x}$$

となるので、これらを $y=ax+b$ に代入すると、y の x への回帰直線を以下のように求めることができる。

$$y = \overline{y} + r(x,y)\frac{\sigma(y)}{\sigma(x)}(x - \overline{x})$$

同様にして、x の y への回帰直線を求めることもできる。すなわち、x と y を入れ替えて、

$$\sum_{i=1}^{n}(x_i - (cy_i + d))^2$$

を最小にする回帰直線を計算すればよい。そうすると、求める直線は以下のようになる。

$$x = \overline{x} + r(x,y)\frac{\sigma(x)}{\sigma(y)}(y - \overline{y})$$

では、回帰直線の実例を見てみよう。

例題6.1 エンゲル関数

エンゲル関数 (Engel function) は、「所得」とある商品の「消費量」の関係を示す関数である。エンゲル (Engel) は、貧しい家計ほど食料費の割合が高いという経験法則 (エンゲルの法則) を導いている。

消費支出 X と食費支出 Y の関係を、線形回帰モデル

$$Y = \alpha + \beta X + \epsilon$$

によって記述し、以下のデータから α, β を求めてみよう。

ここで用いるデータ (**表6.1**) は、総務省統計局の「年間収入階級別 1世帯当り 1ヶ月の収入と支出 (平成16年全国消費実態調査)」に基づいている。このデータは、収入階級ごとの「消費支出」と「食料費支出」をまとめたものである。

表6.1 収入と支出

階級 (i)	消費支出 (X_i)	食料費支出 (Y_i)
1	167,122	45,455
2	193,906	51,746
3	206,285	53,946
4	223,759	57,682
5	241,877	60,208
6	256,234	61,959
7	268,738	64,360
8	277,420	66,665
9	301,653	69,718
10	307,608	71,255
11	317,856	74,254
12	331,535	77,261
13	349,513	78,143
14	371,279	82,453
15	400,071	84,875
16	447,842	90,296
17	493,857	98,241
18	529,823	102,131
19	577,938	110,650

　では、Rによって線形回帰分析を行なう。なお、このセッションは「RINT601.R」として保存する。

　線形回帰分析は「lm(formula)」で行なわれる。ここで「formula」は回帰式を表わす**モデル式**（model formula）であり、$y = ax + b$の形にしたい場合は「y~x」と書く。また、「plot(y~x)」によって散布図がプロットされる。

　線形回帰分析の結果は、「print」または「summary」で表示することができる。なお、「print」は回帰直線の定義のみを表示する。詳細な分析結果は「summary」で表示できる。

　散布図に回帰直線を追加するには「abline」を用いる。「lines」で「fitted」オプションを指定してもよい。

　では、散布図を表示して回帰直線を求め、最終的に回帰直線を散布図に追加してみよう。そのためには以下のようにコマンドを入力する。

第6章　単回帰分析

```
> x = c(167122,193906,206285,223759,241877,
+ 256234,268738,277420,301653,307608,317856,
+ 331535,349513,371279,400071,447842,493857,
+ 529823,577938)
> y = c(45455,51746,53946,57682,60208,61959,
+ 64360,66665,69718,71255,74254,77261,78143,
+ 82453,84875,90296,98241,102131,110650)
> plot(y~x)
> ans1 = lm(y~x)
> print(ans1)

Call:
lm(formula = y ~ x)

Coefficients:
(Intercept)            x
  2.340e+04    1.527e-01

> abline(ans1)
```

　ここで、最小二乗法によって、傾きは「1.527e-01」となり、切片は「2.340e+04」となっている。よって、求められた回帰直線は「y = 0.1527x+23400」になる。

　また、散布図は図6.2、回帰直線は図6.3のように表示される。

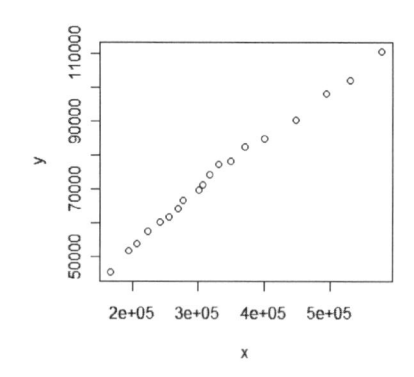

図6.2　散布図

6.2 最小二乗法

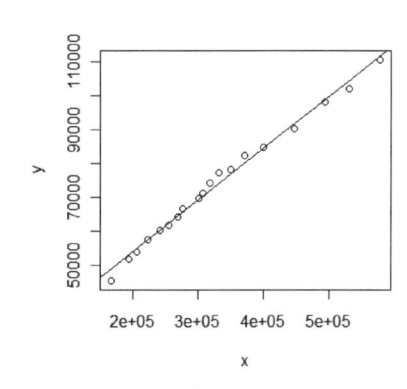

図6.3 回帰直線の追加

さらに、多項式回帰分析により、2次曲線を当てはめることもできる。

例題6.2 多項式回帰分析

例題6.1では線形回帰分析を用いたが、多項式回帰分析を用いると、さらに厳密なモデル化ができる。なお、このセッションは「RINT602.R」として保存する。

多項式回帰分析を行なうには、モデル式に多項式を指定する。たとえば、3次多項式を指定する場合は、「y~x+I(x^2)+I(x^3)」と書く。

ここでは、2次多項式を用いて回帰分析を行なってみよう。なお、近似曲線を追加するには、「lines」で「fitted」オプションを指定する。

```
> x = c(167122,193906,206285,223759,241877,
+ 256234,268738,277420,301653,307608,317856,
+ 331535,349513,371279,400071,447842,493857,
+ 529823,577938)
> y = c(45455,51746,53946,57682,60208,61959,
+ 64360,66665,69718,71255,74254,77261,78143,
+ 82453,84875,90296,98241,102131,110650)
> plot(y~x)
> ans2 = lm(y~x+I(x^2))
> print(ans2)

Call:
lm(formula = y ~ x + I(x^2))
```

```
Coefficients:
(Intercept)           x        I(x^2)
  1.228e+04    2.203e-01    -9.185e-08

> lines(x,fitted(ans2))
```

ここで、回帰曲線は「$-9.185 \times 10^{-8} x^2 + 0.2203x + 12280$」となる。
散布図に近似曲線を追加すると、図6.4のようになる。

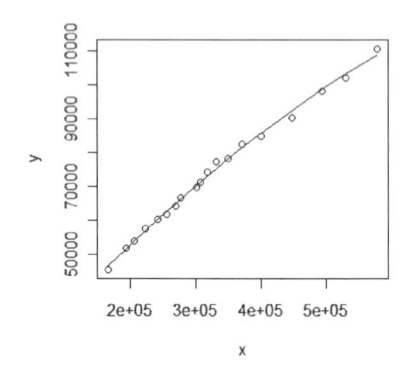

図6.4　回帰曲線の追加

多項式回帰曲線の方が線形回帰直線よりもデータを正確に当てはめていることがわかる。

6.3 単回帰分析の評価

　線形回帰分析では、2つの変量 X, Y の関係を示すことができるが、回帰直線の当てはまりのよさ（フィッティング）が問題となる。当てはまりのよさは視覚的に判断するのが難しいので、客観的な尺度が必要となる。

6.3 単回帰分析の評価

◆ 6.3.1 決定係数

回帰直線の当てはまりのよさを評価する尺度として、**決定係数**（coeeficient of determination）がある。

前述した残差の定義から、

$$Y_i = \hat{\alpha} + \hat{\beta}X_i + e_i = \hat{Y}_i + e_i$$

が成り立つ。ここで、両辺から X_i, Y_i の平均 $\overline{X}, \overline{Y}$ を引けば、

$$Y_i - \overline{Y} = \hat{Y}_i - \overline{Y} + e_i$$

となる。この式の両辺の2乗和をつくると、

$$\begin{aligned}\sum_{i=1}^{n}(Y_i - \overline{Y})^2 &= \sum_{i=1}^{n}(\hat{Y}_i - \overline{Y})^2 + 2\sum_{i=1}^{n}(\hat{Y}_i - \overline{Y})e_i + \sum_{i=1}^{n}e_i^2 \\ &= \sum_{i=1}^{n}(\hat{Y}_i - \overline{Y})^2 + \sum_{i=1}^{n}e_i^2\end{aligned}$$

となる。なお、1～2行目では $\sum(\hat{Y}_i - \overline{Y})e_i = 0$ の関係を用いた。

上記の式は、回帰直線の当てはまりの尺度に用いられる重要な概念を含んでいる。すなわち、$\sum_{i=1}^{n}(Y_i - \overline{Y})^2$ は**総変動**（total variation）といい、$\sum_{i=1}^{n}(\hat{Y}_i - \overline{Y})^2$ は**回帰変動**（regression variation）、$\sum_{i=1}^{n}e_i^2$ は**残差変動**（residual variation）という。

回帰直線の当てはまりがよいことは、総変動における残差変動の割合が小さいか、または回帰変動の割合が大きいことを意味する。この考察から**決定係数**を定義することができる。

決定係数 R^2 は以下のように定義される。

$$R^2 = \frac{回帰変動}{総変動} = \frac{\displaystyle\sum_{i=1}^{n}(\hat{Y}_i - \overline{Y})^2}{\displaystyle\sum_{i=1}^{n}(Y_i - \overline{Y})^2}$$

なお、決定係数は相関係数の2乗に等しい。決定係数が「1」に近いほど回帰直線がデータに当てはまっていることになる。なお、$R^2 = 1$ ならば、すべての観測値は回帰直線上にあることを意味する。

◆ 6.3.2　調整済み決定係数

R^2 の値は、その定義から、標本の大きさと独立変数の数が近い場合に実態以上よくなる。そのような点を改良するには、一般に、自由度の調整が必要になる。

いま、n を標本の数とし、k を独立変数の数とすると、

$$R'^2 = 1 - \frac{\sum_{i=1}^{n} e_i^2/(n-k-1)}{\sum_{i=1}^{n}(Y_i - \overline{Y})^2/(n-1)}$$

は**調整済み決定係数**（adjusted coefficient of determination）という。

なお、単回帰分析の場合は $k = 1$ になる。また、調整済み決定係数が「1」に近いほど回帰直線がデータに当てはまっていることになる。

Rでは、線形回帰分析の結果を「summary」によって詳細に表示することができる。

例題6.3　回帰分析の詳細結果

線形回帰分析の詳細結果は「summary」で得られる。回帰直線の定義のほかに各種の情報が表示される。なお、このセッションは「RINT603.R」として保存する。

例題6.1の線形回帰分析の詳細結果は、以下のとおりである。

```
> x = c(167122,193906,206285,223759,241877,
+ 256234,268738,277420,301653,307608,317856,
+ 331535,349513,371279,400071,447842,493857,
+ 529823,577938)
> y = c(45455,51746,53946,57682,60208,61959,
+ 64360,66665,69718,71255,74254,77261,78143,
+ 82453,84875,90296,98241,102131,110650)
> ans3 = lm(y~x)
> summary(ans3)
```

```
Call:
lm(formula = y ~ x)

Residuals:
    Min      1Q  Median      3Q     Max
-3470.55 -985.09  -83.06  886.18 3228.38

Coefficients:
             Estimate Std. Error t value Pr(>|t|)
(Intercept) 2.340e+04  1.193e+03   19.61 4.11e-13 ***
x           1.527e-01  3.424e-03   44.60  < 2e-16 ***
---
Signif. codes:  0 '***' 0.001 '**' 0.01 '*' 0.05 '.' 0.1 ' ' 1

Residual standard error: 1684 on 17 degrees of freedom
Multiple R-squared: 0.9915,    Adjusted R-squared: 0.991
F-statistic:  1989 on 1 and 17 DF,  p-value: < 2.2e-16
```

「print」の場合と同様、回帰直線の「傾き」と「切片」が表示されている。それに加えて、これらの標準誤差（Std. Error）、t 値（t value）、p 値（Pr(>|t|)）も表示されている。

この t 値は「回帰係数が0である」という仮説検定の統計量である。また、p 値が有意水準「0.05」（5％）、「0.01」（1％）、「0.001」（0.1％）より小さいときは、出力結果の p 値の右に、それぞれ「*」「**」「***」を付ける。

残差の統計量としては、最小値（Min）、第1四分位数（1Q）、中央値（Median）、第3四分位数（3Q）、最大値（Max）が表示されている。

決定係数と調整済み決定係数は、それぞれ「0.9915」「0.991」となっており、回帰直線がかなり当てはまっていることがわかる。また、F 値と p 値は、帰無仮説「すべての回帰係数が0である」を検定するための統計量である。

第7章

重回帰分析

第7章では重回帰分析を説明する。まず、重回帰分析のモデルである多変量回帰モデルを導入する。次に、最小二乗法の一般化と重回帰分析の評価について解説する。

7.1 多変量回帰モデル

単回帰モデルでは1つの独立変数のみが含まれるが、現実の経済現象ではさまざまな要因を考慮しなくてはならない。複数の独立変数に関する回帰分析は、**重回帰分析**（multiple regression）という。重回帰分析では、**多変量回帰モデル**（multiple regression model）が用いられる。

◆ 7.1.1 重回帰分析

第6章では、消費水準 Y と所得水準 X の関係を消費関数 f により $Y = f(X)$ と記述できると述べた。しかし、この記述はかなり理想化したものであり、たとえば、現在の資産や住居費などを Z として考慮すると、さらによい関係を記述できると考えられる。

重回帰分析は、複数の独立変数について関係式をデータから予測する分析法である。よって、重回帰分析は単回帰分析を一般化したものと考えられる。重回帰分析のモデルは多変量回帰モデルになり、その解は最小二乗法によって求められる。後述するように、最小二乗法も多変数について拡張される。

◆ 7.1.2 多変量回帰モデルの定義

多変量回帰モデルは、一般に、以下のように書くことができる。

(1) $\quad Y_i = \beta_0 + \beta_1 X_{1i} + ... + \beta_k X_{ki} + \epsilon_i$

ただし、$i = 1, ..., n$ である。ここで、X_{ki} において最初の添字 k は変数の番号、2番目の添字はデータ（観測値）の番号を表わしている。したがって、k は独立変数の数になり、ϵ_i は撹乱項である。

$k = 1$ の場合、式(1)は単回帰モデルに一致する。多変量回帰モデルでは、独立変数が複数個になるので、行列を用いて記述すると便利である。

式(1)を行列で記述すると、式(2)のようになる。

7.1 多変量回帰モデル

(2) $Y = X\beta + \epsilon$

ただし、行列 X, Y は以下のように定義される。

$$X = \begin{pmatrix} 1 & X_{11} & \cdots & X_{k1} \\ 1 & X_{12} & \cdots & X_{k2} \\ \vdots & \vdots & & \vdots \\ 1 & X_{1n} & \cdots & X_{kn} \end{pmatrix}, \quad Y = \begin{pmatrix} Y_1 \\ Y_2 \\ \vdots \\ Y_n \end{pmatrix}$$

$$\beta = \begin{pmatrix} \beta_0 \\ \beta_1 \\ \vdots \\ \beta_k \end{pmatrix}, \quad \epsilon = \begin{pmatrix} \epsilon_1 \\ \epsilon_2 \\ \vdots \\ \epsilon_n \end{pmatrix}$$

多変量回帰モデルでは、データ X、Y から最小二乗法を用いて β が決定される。

多変量回帰モデルでは、一般に、以下のような条件が仮定されている。

(1) ϵ は $N(0, \sigma^2 E)$ に従う。
(2) X は $n \times (k+1)$ の非確率的な定数行列である。
(3) $n > k + 1$
(4) $\mathrm{rank}(X) = k + 1$

ここで、E は単位行列を表わし、$rank(A)$ は行列 A の階数を表わす。

まず、**仮定(1)** に関連して多次元正規分布について説明する必要がある。いま、確率変数を $u_1, ..., u_n$ とすると、**多次元正規分布**（multivariate normal distribution）の密度関数は、

$$f(u_1, ..., u_n) = \frac{1}{(2\pi)^{\frac{n}{2}}\sqrt{|\Sigma|}} \exp\left(-\frac{1}{2}\sum_{i=1}^{n}\sum_{j=1}^{n}\sigma^{ij}(u_i - \mu_i)(u_j - \mu_j)\right)$$

で定義される。ここで、Σ は $n \times n$ の正値行列を表わし、σ_{ij} は i 行 j 列要素、σ^{ij} は Σ^{-1} の i 行 j 列要素、$|\Sigma|$ は Σ の行列式を表わす。

この式を行列で書き直すと、

$$f(U) = \frac{1}{(2\pi)^{\frac{n}{2}}\sqrt{|\Sigma|}} \exp\left(-\frac{1}{2}(U-\mu)'\Sigma^{-1}(U-\mu)'\right)$$

になる。ここで、$U' = (u_1, ..., u_n), \mu = (\mu_1, ..., \mu_n)$ とする。U' は U の転置行列を表わす。

なお、σ_{ij} と μ_{ij} は多次元正規分布の形状を特徴づけるパラメータであり、

$E(X_i) = \mu_i$
$E(X_i - \mu_i)(X_j - \mu_j) = \sigma_{ij}$

の関係にある。ここで X_i は確率変数である（$1 \leq i \leq n$）。また、μ は平均ベクトルといい、Σ は**共分散行列**（covariance matrix）という。

$U' = (u_1, ..., u_n)$ が $f(U)$ で定義される多次元正規分布に従うとき、$U \sim N(\mu, \Sigma)$ と書く。

これらの仮定の意味は次のとおりである。

仮定（1）は ϵ_i の正規性を表わしている。さらに $E(\epsilon_i) = 0$、$var(\epsilon) = \sigma^2$、$E(\epsilon_i \epsilon_j) = 0 \ (i \neq j)$ を含意する。

仮定（2）は、繰り返して標本抽出する場合に X が一定に保たれることを意味する。したがって、n 個のデータから、標本 $(Y_i, X_{1i}, ..., X_{ki})$ を調査することができることになる。

仮定（3）は、データ数は係数の数（独立変数の数＋1）より多いことを意味する。この仮定によって、最小二乗法が適用可能になる。

仮定（4）を説明するには、行列の**階数**（rank）の概念が必要となる。

ベクトル $x_1, ..., x_n$ と、少なくとも1つは「0」でない定数 $c_1, ..., c_n$ について、次の条件

$c_1 x_1 + ... + c_n x_n = 0$

を満足するならば、n 個のベクトルは**1次従属**といい、そうでなければ**1次独立**という。

$m \times n$ 行列 A の階数は、n 個の列ベクトルの中で1次独立なベクトルの数の最大数であり、$rank(A)$ と書く。

1次独立の定義から $\text{rank}(A) \leq \min(m, n)$ となる。B を $n \times n$ 行列とすると、$\text{rank}(B) \neq n$ ならば $|B| = 0$ となる。

以上より、**仮定(4)** は行列 X の各列が1次独立であることを意味している。すなわち、各列の間には線形関係がないことになる。

これらの仮定から、最小二乗法の記述が容易になる。なお、これらの仮定がない場合の最小二乗法の記述も可能であるが、形式化が高度であるので本書では省略する。

では、行列を用いて最小二乗法を説明する。前述の**式(1)** は**仮定(1)** より $E(\epsilon_i) = 0$ となり、

$$(3) \quad E(Y_i) = \beta_0 + \beta_1 X_{1i} + ... + \beta_k X_{ki}$$

と書ける（$i = 1, ..., n$）。
式(3) を行列で書き直すと、**式(4)** になる。

$$(4) \quad E(Y) = X\beta$$

ただし、

$$E(Y) = \begin{pmatrix} E(Y_1) \\ E(Y_2) \\ \vdots \\ E(Y_n) \end{pmatrix}$$

である。
式(4) は、(真の) 回帰直線を表わす。ここで β は未知であるので、多変量回帰モデルでは、データを表わす行列 X、Y を用いて β を推定することになる。そして、推定を行なうためには、前述の最小二乗法を拡張しなければならない。

7.2 最小二乗法の一般化

多変量回帰モデルでは、データを与える行列 Y, X から β を求めるが、単回帰モデルと同様に最小二乗法が用いられる。多変量回帰モデルの最小二乗法は複雑になるが、行列を利用すると、その記述を簡略化できる。

◆ 7.2.1 最小二乗法の行列表示

多変数の場合の最小二乗法の考え方も、1変数の場合と基本的に同じである。まず、損失を表わす L を、単回帰モデルの場合と同様に以下のようにおく。

$$(5) \quad L = \sum_{i=1}^{n}(Y_i - \beta_0 - \beta_1 X_{1i} - ... - \beta_k X_{ki})^2$$

そして、L を最小にするように β_i を決めるのが、多変数の場合の最小二乗法である。ここで、式(5)を行列を用いて書くと、

$$(6) \quad L = (Y - X\beta)'(Y - X\beta)$$

になる。

L を最小にするためには、

$$(7) \quad \frac{\partial L}{\partial \beta_0} = -2\sum_{i=1}^{n}(Y_i - \beta_0 - \beta_1 X_{1i} - ... - \beta_k X_{ki}) = 0$$

$$\frac{\partial L}{\partial \beta_1} = -2\sum_{i=1}^{n} X_{1i}(Y_i - \beta_0 - \beta_1 X_{1i} - ... - \beta_k X_{ki}) = 0$$

$$\cdots$$

$$\frac{\partial L}{\partial \beta_k} = -2\sum_{i=1}^{n} X_{ki}(Y_i - \beta_0 - \beta_1 X_{1i} - ... - \beta_k X_{ki}) = 0$$

とおく。そうすると、最小二乗推定量は連立方程式である式(7)の解になる。

以上から、最小二乗推定量を求めるためには、連立方程式の解を効率的に求める必要があるとわかる。連立方程式の解法としては「クラメールの公式」があるが、非効率的である。したがって、実用的には「ガウスの消去法」などの数値的手法が用いられる。

◆ 7.2.2　最小二乗推定量

上記の最小二乗法から、最小二乗推定量を定義できる。**式 (7)** の解を $\hat{\beta}_i$ とすると、正規方程式は**式 (8)** のようになる。

$$(8) \quad \sum_{i=1}^{n} = n\hat{\beta}_0 + \hat{\beta}_1 \sum_{i=1}^{n} X_{1i} + ... + \hat{\beta}_k \sum_{i=1}^{n} X_k$$

$$\sum_{i=1}^{n} X_{1i} Y_i = \hat{\beta}_0 \sum_{i=1}^{n} X_{1i} + \hat{\beta}_1 \sum_{i=1}^{n} X_{1i}{}^2 + ... + \hat{\beta}_k \sum_{i=1}^{n} X_{1i} X_{ki}$$

$$\sum_{i=1}^{n} X_{ki} Y_i = \hat{\beta}_0 \sum_{i=1}^{n} X_{ki} + \hat{\beta}_1 \sum_{i=1}^{n} X_{1i} X_{ki} + ... + \hat{\beta}_k \sum_{i=1}^{n} X_{ki}{}^2$$

式 (8) を行列で書くと、**式 (9)** になる。

$$(9) \quad X'Y = (X'X)\hat{\beta}$$

ここで、$\hat{\beta}' = (\hat{\beta}_0, ..., \hat{\beta}_k)$ である。

前述の**仮定 (4)** より、$(X'X)^{-1}$ は存在するので、最小二乗推定量は、

$$(10) \quad \hat{\beta} = (X'X)^{-1} X'Y$$

となる。

なお、残差 e は以下のようになる。

$$e = Y - X\hat{\beta}$$

また、残差ベクトル e は、

$$e'X = 0$$
$$e'\hat{Y} = 0'$$

を満足する。ここで「0」はゼロベクトルを表わす。

そして、推定された回帰直線は、

$$\hat{Y} = X\hat{\beta}$$

と書ける。

では、多変量回帰モデルの実例を見てみよう。

例題7.1　エンゲル関数（2）

例題6.1の消費関数を消費支出 X、食料支出 Y、住居費 Z に関する多変量回帰モデルとして以下のように記述する。

$$Y = \alpha + \beta X + \gamma Z + \epsilon$$

ここでは、消費支出だけではなく、住居費も食料支出に影響を与えると考えて、多変量回帰モデルが用いられている。

表7.1のデータから最小二乗法を用いて α, β, γ を求めてみよう。なお、このセッションは「RINT701.R」として保存する。

Rでは、ベクトルのリストで表を記述する**データ・フレーム**（data frame）を利用することができる。データ・フレームは「data.frame」によって生成される。

回帰直線を求めると、以下のようになる。

```
> x = c(167122,193906,206285,223759,241877,
+ 256234,268738,277420,301653,307608,317856,
+ 331535,349513,371279,400071,447842,493857,
+ 529823,577938)
> y = c(45455,51746,53946,57682,60208,61959,
+ 64360,66665,69718,71255,74254,77261,78143,
+ 82453,84875,90296,98241,102131,110650)
> z = c(16281,16723,17921,18471,20985,
+ 20756,20672,19791,20394,19487,16307,
+ 17070,16971,16792,19123,18461,21016,
+ 19518,23929)
> ans4 = lm(y~.,data.frame(x,y,z))
```

表7.1 食糧費支出

階級 (i)	消費支出 (X_i)	食料費支出 (Y_i)	住居費 (Z_i)
1	167,122	45,455	16,281
2	193,906	51,746	16,723
3	206,285	53,946	17,921
4	223,759	57,682	18,471
5	241,877	60,208	20,985
6	256,234	61,959	20,756
7	268,738	64,360	20,672
8	277,420	66,665	19,791
9	301,653	69,718	20,394
10	307,608	71,255	19,487
11	317,856	74,254	16,307
12	331,535	77,261	17,070
13	349,513	78,143	16,971
14	371,279	82,453	16,792
15	400,071	84,875	19,123
16	447,842	90,296	18,461
17	493,857	98,241	21,016
18	529,823	102,131	19,518
19	577,938	110,650	23,929

```
> print(ans4)

Call:
lm(formula = y ~ ., data = data.frame(x, y, z))

Coefficients:
(Intercept)            x            z
 27073.4137       0.1545      -0.2246
```

よって、求める回帰直線は「$0.1545x - 0.2246z + 27073.4137$」になる。

7.3 重回帰分析の評価

最小二乗推定量 $\hat{\beta}$ は、多変量回帰モデルの最小二乗法で求められた解であるが、ここでその性質を見てみよう。

最小二乗推定量 $\hat{\beta}$ は、$Z = (X'X)^{-1}Z'$ とすると、**式 (1)** のように書き直すことができる。

$$
\begin{align}
(1) \quad \hat{\beta} &= (X'X)^{-1}X'Y \\
&= (X'X)^{-1}X'(X\beta + \epsilon) \\
&= \beta + Z\epsilon
\end{align}
$$

ここで $\epsilon \sim N(0, \sigma^2 E)$ であるので、$\hat{\beta}$ も多変量正規分布に従う。

なお、$\hat{\beta}$ の期待値は、

$$E(\hat{\beta}) = \beta + ZE(\epsilon) = \beta$$

になる。すなわち、$\hat{\beta}$ は不偏推定量であり、かつ線形不偏推定量である。

$\hat{\beta}$ の共分散行列は、以下のようになる。

$$
\begin{align}
(2) \quad E(\hat{\beta} - \beta)(\hat{\beta} - \beta') &= E(Z\epsilon)(X\epsilon)' \\
&= ZE(\epsilon\epsilon')Z' \\
&= Z\sigma^2 E Z' \\
&= \sigma^2 ZZ' \\
&= \sigma^2 (XX)^{-1}
\end{align}
$$

したがって、$\hat{\beta} \sim N(\beta, \sigma^2(X'X)^{-1})$ となる。

◆ 7.3.1 決定係数

次に、回帰直線の当てはまりのよさを考える。まず、残差の二乗和は**式 (3)** になる。

$$\text{(3)}\quad \begin{aligned} e'e &= (Y - X\hat{\beta})'(Y - X\hat{\beta}) \\ &= Y'Y - \hat{\beta}'X'Y - Y'X\hat{\beta} + \hat{\beta}'X'X\hat{\beta} \\ &= Y'Y - \hat{\beta}'X'X\hat{\beta} \end{aligned}$$

よって、

$$\text{(4)}\quad \begin{aligned} Y'Y &= \hat{\beta}'X'X\hat{\beta} + e'e \\ &= \hat{Y}'\hat{Y} - e'e \end{aligned}$$

ここで、$\hat{Y} = X\hat{\beta}$ である。式 (4) をベクトルの要素に書き直すと、

$$\text{(5)}\quad \sum_{i=1}^{n}(Y_i - \overline{Y})^2 = \sum_{i=1}^{n}(\hat{Y}_i - \overline{Y})^2 + \sum_{i=1}^{n}e_i^2$$

になる。したがって、多変量回帰モデルにおいても、単回帰モデルと同様に、「総変動＝回帰変動＋残差変動」の関係が成り立つ。

したがって、決定係数は以下のように定義できる。

$$R^2 = \frac{\hat{Y}'Y}{Y'Y} = 1 - \frac{e'e}{Y'Y}$$

ここで $0 \leq R^2 \leq 1$ となるが、$R^2 = 1$ のとき、すなわち $e'e = 0$ のとき、すべての Y_i は完全に推定された回帰式となる。

R^2 の平方根は X と Y の相関係数となるが、多変量の場合、**重相関係数**（multiple correlation coefficient）という。

◆ 7.3.2 調整済み決定係数

重回帰分析においても、調整済み決定係数を定義できる。すなわち、調整済み決定係数は以下のようになる。

$$R'^2 = 1 - \frac{e'e/(n-k-1)}{Y'Y/(n-1)}$$

第7章 重回帰分析

なお、調整済み決定係数は、回帰モデルの説明変数を選択する際の基準になる。すなわち、R'^2 を最大にするような説明変数の組を用いるのが望まれる。

例題7.2 多重回帰分析の詳細結果

多重回帰分析の詳細結果は「summary」で表示される。分析結果は「plot.lm」によって、4種類の回帰診断図を表示することができる。

例題7.1の詳細結果は以下のようになる。なお、このセッションは「RINT702.R」として保存する。

```
> x = c(167122,193906,206285,223759,241877,
+ 256234,268738,277420,301653,307608,317856,
+ 331535,349513,371279,400071,447842,493857,
+ 529823,577938)
> y = c(45455,51746,53946,57682,60208,61959,
+ 64360,66665,69718,71255,74254,77261,78143,
+ 82453,84875,90296,98241,102131,110650)
> z = c(16281,16723,17921,18471,20985,
+ 20756,20672,19791,20394,19487,16307,
+ 17070,16971,16792,19123,18461,21016,
+ 19518,23929)
> ans5 = lm(y~.,data.frame(x,y,z))
> summary(ans5)

Call:
lm(formula = y ~ ., data = data.frame(x, y, z))

Residuals:
    Min      1Q  Median      3Q     Max
-3784.0  -697.3   281.0   953.4  2795.5

Coefficients:
              Estimate Std. Error t value Pr(>|t|)
(Intercept)  2.707e+04  3.741e+03   7.237 1.99e-06 ***
x            1.545e-01  3.836e-03  40.274  < 2e-16 ***
z           -2.246e-01  2.171e-01  -1.034    0.316
---
Signif. codes:  0 '***' 0.001 '**' 0.01 '*' 0.05 '.' 0.1 ' ' 1

Residual standard error: 1681 on 16 degrees of freedom
Multiple R-squared: 0.9921,    Adjusted R-squared: 0.9911
F-statistic:   999 on 2 and 16 DF,  p-value: < 2.2e-16

> plot(ans5)
```

回帰分析図は図7.1～図7.4のようになる。ここで、画面をクリックするか[Enter]キーを押下すると、図が連続的に表示される。

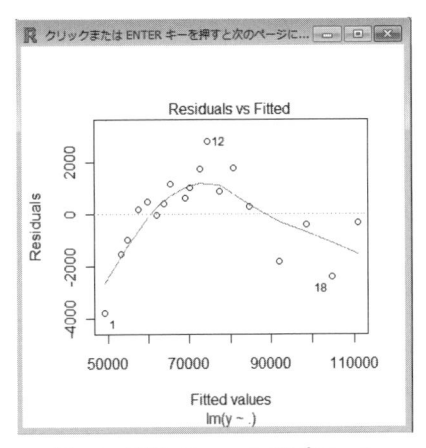

図7.1 残差-フィット値プロット

残差-フィット値プロットは、「残差」と「フィット値」(観測データ)の散布図であり、残差の傾向を表わす。

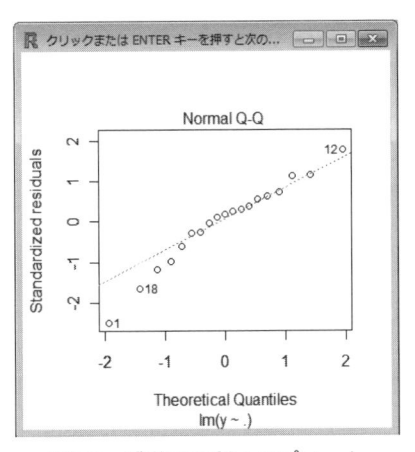

図7.2 残差の正規Q-Qプロット

残差の正規Q-Qプロットは、「残差の順位」と「標準化された残差」の関係を表わす。なお、正規性がある場合、点は直線上に並ぶ。

第7章 重回帰分析

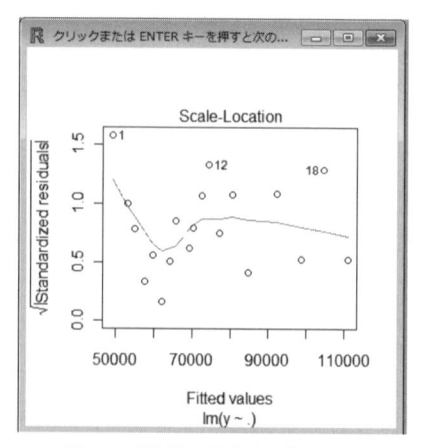

図7.3 残差の平方根プロット

残差の平方根プロットは、「残差の順位」と「標準化された残差」の絶対値の平方根の関係を表わす。なお、残差の変動を示す。

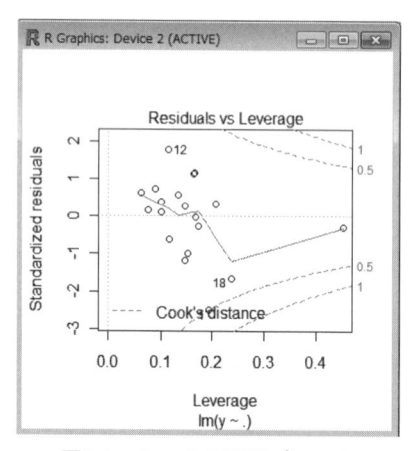

図7.4 クックの距離プロット

クック（Cook）の距離プロットは、すべてのデータを用いた場合と、1つだけデータを除いた場合の予測値の変動を表わす。

重回帰分析は複数の説明変数を用いるので、単回帰分析よりも厳密な回帰分析ができる。なお、回帰分析の他の手法としては、一般化最小二乗法や2段階最小二乗法などもあるが、本書では説明を省略する。

第8章

時系列分析

第8章では時系列分析を説明する。まず、時系列分析のモデルである時系列モデルについて説明する。次に、主要な時系列モデル、すなわちAR、ARIMA、GARCHを紹介する。

8.1 時系列モデル

時系列モデルは、時間経過ごとに記録されたデータを解析するモデルである。特に経済現象の中には、一定の時間間隔で観測されるデータの列として解釈した方がよいものがある。たとえば、株価、物価、為替レート、国民総生産などは、そのような現象の例である。なお、最近では、時系列モデルは計量経済学の重要な研究テーマになっている。

◆ 8.1.1 時系列データ

時系列データ (time series data) とは、変数を一定間隔で観測して得られた観測値の列である。時系列データの動きは、横軸を時間、縦軸を変量とするグラフを描画すると視覚化できる。

時系列データはさまざまな変動を伴うが、期間中に存在する潜在的な傾向である**トレンド**（動向：trend）と、不規則な変動である**ノイズ**（noise）がある。また、トレンドに循環的な動きが存在する場合もある。

時系列分析 (time series analysis) は、時系列データを調べることによって、それらのデータの特徴を明らかにする手法である。時系列分析は、時系列データの動きを統計的に解析して現象を明確化し、将来の予測や制御に応用することが目的である。

時系列データはある規則により動いているが、この規則を記述する式は**時系列モデル**（time series analysis model）という。現在、以下のような時系列モデルが知られている。

- MA
- AR
- ARMA
- ARIMA
- ARCH
- GARCH

時系列分析の研究は、経済学で長い歴史を持つ。たとえば、ソ連の経済学者コンドラチェフ（Kondratiev）は、1790～1920年のアメリカ、イギリス、フランスの経済に関する時系列データを分析し、この間に約50年周期の景気循環の波が3つあることを発見し

た。この波は**コンドラチェフの波**といい、技術革新が影響しているといわれている（Kondratiev (1935) 参照）。

他にも、ジュグラー（Juglar）やクズネッツ（Kuznets）などが異なるタイプの景気循環の波の存在を指摘している（Juglar (1862), Kuznets (1930) 参照）。実際、景気循環の波は、時系列分析の手法を用いて発見することができる。

時系列データは**式 (1)**のように定義される。

(1) $\{x_t \mid t = 1, ..., T\}$

ここで、x_t は時点 t におけるデータを表わす。

◆ 8.1.2 移動平均

時系列データから季節要因やノイズを除去するひとつの方法は、**移動平均**（moving average）を用いることである。移動平均によって時系列データを平滑化することができる。

たとえば、今日現在の10日間の時系列データ $\{x_1, ..., x_{10}\}$ を考える。そうすると、今日の移動平均 SMA_0 は、現在得られている時系列データの算術平均

$$SMA_0 = \frac{x_1 + ... + x_{10}}{10}$$

になる。

翌日の時系列データは $\{x_2, ..., x_{11}\}$ となり、翌日の移動平均 SMA_1 は以下のように定義される。

$$SMA_1 = SMA_0 - \frac{x_1}{n} + \frac{x_{11}}{n}$$

ここで、n は時系列分析の期間の長さに依存する値で、月単位の場合には「13」、四半期単位の場合には「89」とすることが多い。

上記の考え方を一般化するためには、x_t を x_t' のように変換する。

(2) $x_t' = \dfrac{1}{2m+1}(x_{t-m} + ... + x_t + ... + x_{t+m})$

ここで $t = m+1, ..., T-m-1$ である。式 (2) は x_t を含め、その前後 m 個の算術平均である。

この変換によって不規則要因が除去され、時系列データが平滑化される。なお、時系列データに周期 $(2m+1)$ の循環も移動和によってゼロとなる。したがって、移動平均により得られた時系列 x_t' は、景気循環の要素を明確に示すことになる。しかし、多くの景気循環は周期的なものでないことも確かである。また、移動平均により、存在しない循環が生成する可能性もある。

移動平均は単純であるため、株式投資などにも利用されている。たとえば、過去のある期間における株価の終値の平均を時系列的に並べた移動平均線は、株価のトレンドを表わしている。

8.2 AR

時系列の別モデルとして、「確率的な撹乱」と「非確率的な決定的」な部分に分離するモデルがある。この考え方に基づく最も単純なモデルは、**AR**（自己回帰モデル：autoregressive model）という。

◆ 8.2.1 時系列データの統計量

ここでは、時系列データを特徴づけるいくつかの統計量を説明する。時系列 $x_1, x_2, ..., x_n$ の**平均**（average）は、

$$\hat{\mu} = \frac{1}{n}\sum_{t=1}^{n} x_t$$

で定義される。平均などの確率的性質が一定な時系列は**定常時系列**（stationary time series）といい、そうでない時系列は**非定常時系列**（non-stationary time series）という。な

お、平均と分散が一定であることは、時系列の定常性の必要条件である。

時系列データにおける時間の遅れは、**ラグ**（lag）という。時間 t を基準にすると、x_{t-k} は x_t の k 次ラグという。

定常時系列データ y_t, y_{t-k} の**自己共分散関数**（autocovariance）は、以下のように定義される。

$$\hat{C}_k = \frac{1}{n} \sum_{t=k+1}^{n} (x_t^{\hat{\mu}})(x_{t-k} - \hat{\mu})$$

また、**自己相関関数**（autocorrelation）は、以下のように定義される。

$$\hat{R}_k = \frac{\hat{C}_k}{\hat{C}_0}$$

なお、$\hat{C}_k$ は自己共分散係数、$\hat{R}_k$ は自己相関係数ともいう。

時系列を波として捉えてその成分を分析する手法は、**スペクトル分析**（spectrum analysis）という。スペクトル分析によって、時系列に潜在する周期性などを解析することができる。

自己相関 C_k の**フーリエ変換**（Fourier transform：FT）は、**パワースペクトル密度関数**（power spectral density function）または略して**スペクトル**（spectrum）という。したがって、時系列データは時間領域を対象とし、時系列データをフーリエ変換したスペクトルは周波数領域を対象としている。

時系列の自己共分散 C_k のフーリエ変換が可能であるとき、スペクトル $p(f)$ は以下のように定義される。

$$p(f) = \sum_{-\infty}^{+\infty} C_k e^{-2\pi i k f} = C_0 + \sum_{k=1}^{+\infty} C_k \cos 2\pi i k f$$

ここで、$-\frac{1}{2} \leq f \leq \frac{1}{2}$ である。また、C_k の代わりに標本データ $x_1, ..., x_n$ の自己共分散 $\hat{C}_k$ を用いて

$$p_j = \hat{C}_0 + 2\sum_{k=1}^{n-1} C_k \cos 2\pi i k f_j$$

と定義されるものは**ピリオドグラム** (periodgram) という。ただし、周波数は $f_j = j/n$ となる（$j = 0, 1, ..., n/2$）。

ここで、Rにおける時系列データの扱いについて説明する。Rでは、時系列分析のための関数は「stats」という基本パッケージに含まれている。

時系列データは**時系列オブジェクト** (time-series object) として記述される。
時系列オブジェクトは「ts」によって生成される。

```
ts(start=s, end=e,frequency=f,data=d)
```

ここで「start」は開始時間を表わし、「end」は終了時間、「frequency」は周期、「data」は観測値を表わすベクトルまたは行列である。なお、「start」と「frequency」のデフォルト値は「1」である。

時系列の表示は「ts.plot」で行なわれる。時系列データは、横軸を時間とし、縦軸を測定値とする折れ線グラフとしてプロットされる。なお、「plot」の引数として時系列オブジェクトを書くことによって、プロットすることもできる。また、「ts.plot」では「plot」のオプションを用いることもできる。

時系列のラグは「lag」で求められる。次数 n は「k=n」で指定する。なお、デフォルト値は「1」である。

時系列の差分は「diff」で求められる。

自己相関係数は「acf」で求められる。また、引数に「type=covariance」を指定すると自己共分散が求められる。なお、自己相関係数によって周期性がわかる。自己相関をプロットしたグラフは**コレログラム** (correlogram) といい、「acf」で自動的に表示される。

ピリオドグラムを用いたスペクトルの推定は「spec.pgram」で行なわれる。高速フーリエ変換（FFT）によりピリオドグラムを求め、対数軸グラフを表示することができる。

スペクトルは「spectrum」で求めることもできる。引数のオプションとして「method=ar」を指定すると、自己回帰によるスペクトルになる。

例題8.1 時系列データ

日本のGDP（Gross Domestic Product：国内総生産）の時系列分析を行なってみよう。GDPは、一定期間に国内で生産された製品やサービスなどの付加価値の合計で表され、経済力の目安となる。

なお、GDPには市場価格で経済活動を評価した名目GDPと、名目GDPから物価変動の影響を除いた実質GDPがある。また、GDPの伸び率は経済成長率になる。

表8.1は最近のGDPの時系列データで、内閣府が2009年6月11日に発表したものに基づいている。

表8.1 国内総生産（GDP）の時系列データ

年・期	実質GDP（兆円）	実質成長率
2005年1-3月期	531.30	3.4
2005年4-6月期	536.78	4.2
2005年7-9月期	539.96	2.4
2005年10-12月期	541.93	1.5
2006年1-3月期	543.08	0.8
2006年4-6月期	547.63	3.4
2006年7-9月期	549.76	1.6
2006年10-12月期	553.55	2.8
2007年1-3月期	559.83	4.6
2007年4-6月期	559.74	−0.1
2007年7-9月期	560.59	0.6
2007年10-12月期	564.22	2.6
2008年1-3月期	566.39	1.5
2008年4-6月期	563.21	−2.2
2008年7-9月期	559.15	−2.9
2008年10-12月期	539.21	−13.5
2009年1-3月期	518.95	−14.2

ここで、実質成長率（％）は前期比年率である。

第8章 時系列分析

では、このデータについて時系列分析を行なう。なお、このセッションは「RINT801.R」として保存する。

まず、実質GDPの時系列「gdp.ts」を「ts」によって生成してみよう。

```
> gdp.ts = ts(start=2005, end=2009, frequency=4,
+ c(531.30,536.78,539.96,541.93,543.08,547.63,
+   549.76,553.55,559.83,559.74,560.59,564.22,
+   566.39,563.21,559.15,539.21,518.95))
> gdp.ts
       Qtr1   Qtr2   Qtr3   Qtr4
2005 531.30 536.78 539.96 541.93
2006 543.08 547.63 549.76 553.55
2007 559.83 559.74 560.59 564.22
2008 566.39 563.21 559.15 539.21
2009 518.95
```

ここでは、四半期データであるため「frequency=4」が指定されている。

また、「gdp.ts」を折れ線グラフで表示するには、以下のように入力する。

```
> plot(gdp.ts,xlab=' 年・期',ylab='GDP (兆円)',
+ main=' 実質 GDP 時系列データ (2005/1-2009/1)')
```

そうすると、図8.1のように時系列データが表示される。

実質 GDP 時系列データ (2005/1-2009/1)

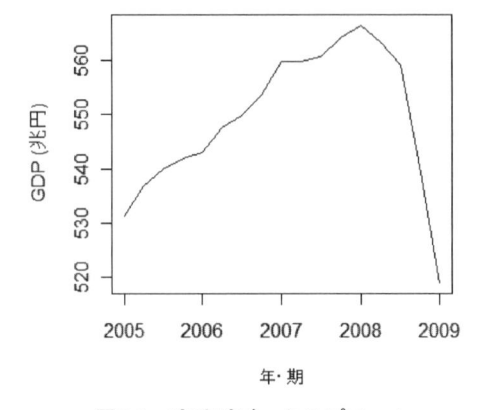

図8.1 時系列データのプロット

2008年前期の実質GDPの減少は原油高によるもので、後期の減少は金融危機によるものである。

「gdp.ts」の3次ラグは、以下のようになる。

```
> lag(gdp.ts,k=3)
       Qtr1   Qtr2   Qtr3   Qtr4
2004          531.30 536.78 539.96
2005 541.93 543.08 547.63 549.76
2006 553.55 559.83 559.74 560.59
2007 564.22 566.39 563.21 559.15
2008 539.21 518.95
```

では、各種のグラフをプロットしてみよう。自己相関、ピリオドグラム、スペクトラムなどがプロットできる。

```
> acf(gdp.ts)
> spec.pgram(gdp.ts)
> spectrum(gdp.ts,method='ar')
```

「gdp.ts」による自己相関プロットは図8.2のようになる。ここで、横の破線は95％の信頼区間を表わしている。

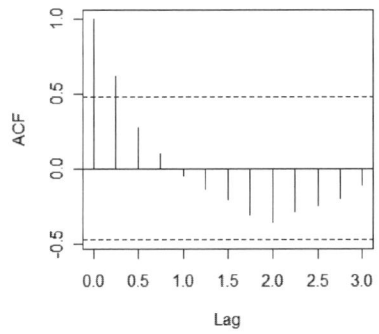

図8.2　自己相関プロット

ピリオドグラムのプロットは図8.3のようになる。ここで、縦の実線は95％の信頼区間を表わしている。

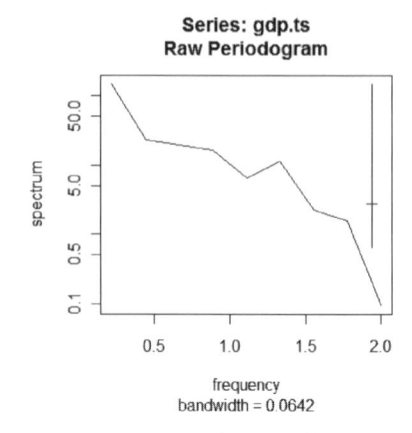

図8.3　ピリオドグラムのプロット

自己回帰のスペクトルをプロットすると図8.4のようになる。

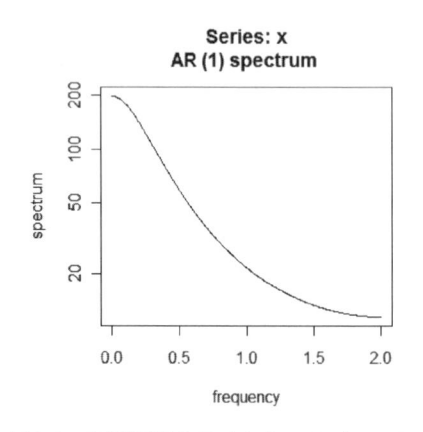

図8.4　自己回帰のスペクトルのプロット

◆ 8.2.2 ARモデル

次に、ARモデルについて説明する。ARモデルは、時系列を生成するメカニズムを「非確率的で決定論的な部分」と「確率的な撹乱の部分」に分離し、後者を自己回帰によって形式化するという考え方に基づいている。すなわち、変数Y_iの変動を、それ自身の過去の系列によってモデル化するということである。なお、時系列では撹乱のことをホワイト・ノイズともいう。

時点$t-p$から時点tまでの時系列データのARモデル$AR(p)$は、**式(1)**で記述される。

$$(1) \quad Y_t = \sum_{i=1}^{p} a_i Y_{t-1} + e_t$$

ここで、a_iは**自己回帰係数**(autoregresive coefficient)といい、pは**次数**(order)という($i = 1, 2, ..., p$)。また、e_tは正規分布$N(0, \sigma^2)$に従う残差である。

たとえば、$AR(1)$は**式(2)**のように書ける。

$$(2) \quad Y_t = aY_{t-1} + e_t$$

よって、ARモデル$AR(1)$では、自己回帰係数aの値によって時系列の動きが決まる。

自己回帰分析では、次数pと自己回帰係数a_iが推定されるが、これはARモデルの当てはめになる。なお、ARモデルの当てはめの手法としては、最小二乗法や最尤法などがある。

ARモデルは「ar」で求めることができる。モデルの評価のデフォルトはユール・ウォーカー(Yule-Walker)法であるが、オプション「method」で「ols」(最小二乗法)、「mle」(最尤法)、「burg」(Burg法)を指定することもできる。

例題8.2 ARモデル

例題8.1のGDPの時系列データをARモデルに当てはめてみよう。なお、このセッションは「RINT802.R」として保存する。

ARモデルは「ar」で記述できる。また、ARモデルの詳細は「summary」で表示できる。

```
> gdp.ts = ts(start=2005, end=2009, frequency=4,
+    c(531.30,536.78,539.96,541.93,543.08,547.63,
```

```
+      549.76,553.55,559.83,559.74,560.59,564.22,
+      566.39,563.21,559.15,539.21,518.95))
> ar(gdp.ts)

Call:
ar(x = gdp.ts)

Coefficients:
     1
0.6138

Order selected 1  sigma^2 estimated as  118.7
```

ARモデルの次数は「$prder」で得られ、係数は「$ar」、残差は「$resid」で得られる。

```
> ar(gdp.ts)$order
[1] 1
> ar(gdp.ts)$ar
[1] 0.6137947
> ar(gdp.ts)$resid
           Qtr1      Qtr2      Qtr3      Qtr4
2005         NA -1.407630 -1.591225 -1.573093
2006  -1.632268  2.211868  1.549102  4.031719
2007   7.985437  4.040806  4.946048  8.054322
2008   7.996247  3.484313  1.376180 -16.071813
2009 -24.092746
```

時系列分析のひとつの応用は、モデルを用いて将来を予測することである。ARモデルの予測値は「predict」で求めることができる。引数「n.ahead」で予測期間を指定する。なお、「predict」は予測値「$pred」と標準残差「$se」を返す。

たとえば、10期分を「predict」で予測すると、以下のようになる。

```
> predict(ar(gdp.ts),n.ahead=10)
$pred
         Qtr1     Qtr2     Qtr3     Qtr4
2009          530.6073 537.7624 542.1542
2010 544.8499 546.5045 547.5201 548.1434
2011 548.5260 548.7609 548.9050
```

```
$se
          Qtr1     Qtr2     Qtr3     Qtr4
2009           10.89547 12.78417 13.42700
2010 13.66134 13.74859 13.78132 13.79363
2011 13.79826 13.80001 13.80067
```

8.3 ARIMA

ARモデルとMAモデル（移動平均モデル：Moving Average model）を統合したモデルは、ARMAモデル（移動平均自己回帰モデル：AutoRegressive Moving-Average model）という。なお、移動平均モデルの考え方はすでに述べたとおりである。また、ARIMAモデルは、ARMAモデルを非定常時系列に拡張したモデルである。

◆ 8.3.1 ARMAモデル

まず、ARMAモデルを説明する。ARMAモデルでは、ARモデルとMAモデルの両方が考慮される。いま、ARモデルを

$$\sum_{i=1}^{p} a_i Y_i + e_t$$

とし、MAモデルを

$$\sum_{j=1}^{q} b_j e_{t-j}$$

とする。MAモデルは移動平均を利用したモデルで、時系列の各データは過去の誤差に影響するという考え方に基づいている。

そうすると、ARMAモデル $ARMA(p,q)$ は以下の式で表わされる。

$$\sum_{i=1}^{p} a_i Y_i + e_t + \sum_{j=1}^{q} b_j e_{t-j}$$

したがって、ARMAモデルは、$q=0$ のときにはARモデルになり、$p=0$ のときにはMAモデルになる。

◆ 8.3.2 ARIMAモデル

ARMAモデルは発散しない定常時系列のモデルであるが、ARMAを非定常時系列のモデルに拡張したのが、**ARIMAモデル**（自己回帰和分移動平均モデル：AutoRegressive Integrated Moving Average model）である。なお、ARIMAモデルは、ボックス（Box）とジェンキンス（Jenkins）によって提案されたので、ボックス・ジェンキンスモデルということもある。

時系列では平均が時間的に変動するので、ARMAモデルは適用できない。よって、平均のゆれを除去する必要がある。そのひとつの方法は、時系列の階差を取り、その階差時系列に対してARMAモデルを適用することが考えられる。このようなモデルがARIMAモデルである。

いま、元の時系列を $\{x_t \mid t=1,,...,n\}$ とすると、その一次階差時系列 $\{y_t \mid t=1,2,...,n-1\}$ は、以下のように定義される。

$$y_t = x_t - x_{t-1}$$

また、二次階差時系列 $\{z_t \mid t=1,2,...,n-2\}$ は、以下のように定義される。

$$z_t = y_t - y_{t-1} = (x_t - x_{t-1}) - (x_{t-1} - x_{t-2})$$

そして、この定義を一般化した d 次階差時系列を $\Delta^d x_t$ とする。

d 次階差時系列を p 次のARモデル $AR(p)$、q 次のMAモデル $MA(q)$ に適用したARIMAモデルを $ARIMA(p,d,q)$ と書くことにする。

なお、ARIMAモデルを適用するには、階差時系列が定常であるかを判断する必要がある。すなわち、各時点のデータの平均、分散、自己相関が一定であるかをチェックし

8.3 ARIMA

なければならない。

Rでは、ARIMAモデルは関数「arima」で記述できる。引数である「order(p,d,q)」は $ARIMA(p,d,q)$ を指定するものである。ここで、p,d,q はAICなどの情報量基準の値が最も小さくなるように指定するのが一般的である。

例題8.3 ARIMAモデル

例題8.1のGDPの時系列データをARIMA モデルに当てはめてみよう。なお、このセッションは「RINT803.R」として保存する。

ARIMAモデルは「arima」で記述できる。ARIMAモデルの詳細は「summary」で表示できる。ここでは、ARIMAモデル $ARIMA(2,2,1)$ を用いることにする。なお、定常性に問題がある場合にはエラーメッセージが表示されるので、引数を変更する必要がある。

```
> gdp.ts = ts(start=2005, end=2009, frequency=4,
+ c(531.30,536.78,539.96,541.93,543.08,547.63,
+   549.76,553.55,559.83,559.74,560.59,564.22,
+   566.39,563.21,559.15,539.21,518.95))
> jgdp = arima(gdp.ts,order=c(2,2,1))
> jgdp

Call:
arima(x = gdp.ts, order = c(2, 2, 1))

Coefficients:
         ar1     ar2      ma1
      0.4079  0.3341  -0.4396
s.e.  0.5939  0.3589   0.6069

sigma^2 estimated as 22.49:  log likelihood
= -44.81,  aic = 97.62
> summary(jgdp)
          Length Class  Mode
coef       3     -none- numeric
sigma2     1     -none- numeric
var.coef   9     -none- numeric
mask       3     -none- logical
loglik     1     -none- numeric
aic        1     -none- numeric
arma       7     -none- numeric
residuals 17     ts     numeric
call       3     -none- call
```

```
series   1    -none- character
code     1    -none- numeric
n.cond   1    -none- numeric
model    10   -none- list
```

残差の分散 σ^2 は「$sigma2」で求められる。

```
> jgdp$resid
           Qtr1          Qtr2          Qtr3          Qtr4
2005   0.23760456  -0.70055774  -2.11735781  -1.00253769
2006   0.03525597   4.14282985  -1.71593658   0.75722363
2007   2.95416327  -6.64181744  -0.21299837   4.43126366
2008  -0.96023993  -6.10537076  -0.89351280 -14.12622660
2009   0.24249627
> jgdp$sigma2
[1] 22.48652
```

最後に、「predict」で予測をしてみよう。

```
> predict(jgdp,n.ahead=10)
$pred
          Qtr1      Qtr2      Qtr3      Qtr4
2009              493.1470  464.9758  433.9865
2010  401.0563  366.3927  330.3735  293.2221
2011  255.1560  216.3383  176.9084

$se
          Qtr1       Qtr2       Qtr3       Qtr4
2009                4.741995  10.469435  18.662360
2010   28.952788  41.379782  55.834319  72.251872
2011   90.547824 110.645016 132.465966
```

ここで、2010年以降に再び不景気になることを予測している。

8.4 GARCH

　計量経済学などの研究によって、為替レートや株価などの時系列データの残差の分散は、一様でなくばらついていることがわかった。この性質を取り込んだ時系列モデルであるARCHは、エングル（Engle）によって提案された（Engle (1982) 参照）。その後、ARCHを拡張した時系列モデルGARCHがボララスレフによって提案された（Bollerslev (1986) 参照）。なお、金融工学の各種の問題を扱う場合、GARCHの方がARCHよりも優れていると考えられている。

◆ 8.4.1 GARCHモデル

　時系列データが条件付き平均 g_t であり、条件付き分散 h_t が正規分布 $N(g_t, h_t)$ に従うとき、h_t の変動を以下の式

$$h_t = \omega + \sum_{i=1}^{q} \alpha_i e_{t_i}^{2}$$

で記述するモデルはARCH（自己回帰条件付き分散不均一モデル：AutoRegressive Conditional Heteroskedastic model）といい、$ARCH(q)$ と書く。

　ARCHを以下のような形に拡張したモデルは、GARCH（一般回帰条件付分散不均一モデル：Generalized ARCH）といい、以下のように記述される。

$$h_t = \omega + \sum_{i=1}^{q} \alpha_i e_{t_i}^{2} + \sum_{j=1}^{r} h_{t_j}$$

なお、このモデルは $GARCH(p, q)$ と書く。

◆ 8.4.2 時系列用パッケージ

RでARCHとGARCHを用いるためには、CRANのパッケージ「tseries」をインストールしなければならない。「tseries」は「Finance」に含まれている。ここでは、計量経済学に関連する2つのパッケージ「Econometrics」と「Finance」をインストールする。

これらをインストールするときは、以下のように「RGui」に入力する。

```
install.packages("ctv")
library(ctv)
install.views("Econometrics")
install.views("Finance")
```

そうすると、ミラーサイト選択のウィンドウが表示されるので適当なものを選択する。たとえば、「Japan(Tsukuba)」を選択する。その後、2つのパッケージがインストールされる。なお、インストールには少し時間（数分）を要するので注意されたい。

「RGui」の画面は以下のようになる（途中からの画面は省略している）。

```
> install.packages("ctv")
パッケージを 'C:\Users\AKAMA\Documents/R/win-library/2.12' 中にインストールします
( 'lib' が指定されていないので)
--- このセッションで使うために、CRAN のミラーサイトを選んでください ---
URL 'http://cran.md.tsukuba.ac.jp/bin/windows/contrib/2.12/ctv_0.7-0.zip'
を試しています
Content type 'application/zip' length 292208 bytes (285 Kb)
 開かれた URL
downloaded 285 Kb

パッケージ 'ctv' は無事に開封され、MD5 サムもチェックされました

ダウンロードされたパッケージは、以下にあります
         C:\Users\AKAMA\AppData\Local\Temp\RtmpdojY2D\downloaded_packages
> library(ctv)
 警告メッセージ：
 パッケージ 'ctv' はバージョン 2.12.2 の R の下で造られました
> install.views("Econometrics")8.4. GARCH 209
Installing package(s) into 'C:\Users\AKAMA\Documents/R/win-library/2.12'
```

```
  (as 'lib' is unspecified)
  also installing the dependencies 'multcomp' , 'tkrplot' , 'iterators'
 , 'odesolve' , 'Formula' , 'flexmix' , 'modeltools' , 'maxLik' , 'glmmML'
 , 'tframe' , 'setRNG' , 'colorspace' , 'fracdiff' , 'miscTools' , 'moments'
 , 'gamlss.dist' , 'gamlss.data' , 'ConvergenceConcepts' , 'kinship' , 'minpack.lm'
 , 'DEoptim' , 'statmod' , 'xtable' , 'coda' , 'bit' , 'mvtnorm' , 'cubature'
 , 'bdsmatrix' , 'fda' , 'timeDate' , 'snow' , 'mnormt' , 'foreach' , 'tseriesChaos'
 , 'quadprog' , 'GPArotation' , 'EvalEst'

  URL 'http://cran.md.tsukuba.ac.jp/bin/windows/contrib/2.12/multcomp_1.2-5.zip'
 を試しています
 Content type 'application/zip' length 977615 bytes (954 Kb)
  開かれた URL
 downloaded 954 Kb
 [以降省略]
```

では、時系列データのGARCHモデルへの当てはめの例を見てみよう。

例題8.4 GARCHモデル

例題8.1の時系列データをGARCHモデルに当てはめる。なお、このセッションは「RINT804.R」として保存する。

当てはめは、「tseries」の「garch」または「fSeries」の「garchFit」で行なわれるが、ここでは「garch」を用いる。

「garch(x,order=c(p,q))」によって、時系列オブジェクト x の $GARCH(p,q)$ への当てはめが行なわれる。よって、$p=0$ の場合には $ARCH(q)$ になる。なお、GARCHは条件付き分散を対象とするので x は差分になるが、x の差分は「diff(x)」で計算される。

GDPの時系列データの差分をGARCHモデル「GARCH(1,1)」に当てはめるためには、以下のように入力する。

なお、「garch」を使用するには、「library(tseries)」によって、あらかじめロードしなくてはならない。

```
> library(tseries)
 要求されたパッケージ quadprog をロード中です
 要求されたパッケージ zoo をロード中です

   'tseries' version: 0.10-25
   'tseries' is a package for time series analysis and
```

```
                computational finance.

                See ' library(help="tseries") ' for details.

 警告メッセージ:
 1: パッケージ 'tseries' はバージョン 2.12.2 の R の下で造られました
 2: パッケージ 'quadprog' はバージョン 2.12.2 の R の下で造られました
 3: パッケージ 'zoo' はバージョン 2.12.2 の R の下で造られました
 > gdp.ts = ts(start=2005, end=2009, frequency=4,
 +   c(+ 531.30,536.78,539.96,541.93,543.08,547.63,
 +     549.76,553.55,559.83,559.74,560.59,564.22,
 +     566.39,563.21,559.15,539.21,518.95))
 > jgdp2 = garch(diff(log(gdp.ts)),order=c(1,1))

 ***** ESTIMATION WITH ANALYTICAL GRADIENT *****


         I     INITIAL X(I)       D(I)

         1     1.986356e-04    1.000e+00
         2     5.000000e-02    1.000e+00
         3     5.000000e-02    1.000e+00

 IT   NF     F        RELDF    PRELDF   RELDX    STPPAR   D*STEP   NPRELDF
  0    1  -5.648e+01
  1    7  -5.658e+01  1.65e-03 2.21e-03 2.2e-04  2.6e+08  2.2e-05  2.92e+05
  2    8  -5.659e+01  2.38e-04 5.41e-04 2.1e-04  2.0e+00  2.2e-05  1.87e+00
  3    9  -5.660e+01  1.23e-04 1.29e-04 2.0e-04  2.0e+00  2.2e-05  1.77e+00
  4   10  -5.660e+01  5.87e-06 7.96e-06 2.2e-04  2.0e+00  2.2e-05  1.79e+00
  5   17  -5.742e+01  1.44e-02 2.20e-02 4.7e-01  2.0e+00  8.9e-02  1.76e+00
  6   19  -5.754e+01  2.04e-03 3.38e-03 3.2e-02  2.0e+00  8.9e-03  1.61e-02
  7   22  -5.759e+01  7.95e-04 7.72e-04 8.1e-02  1.4e+00  2.4e-02  1.08e-02
  8   24  -5.760e+01  1.67e-04 1.70e-04 1.6e-02  2.0e+00  4.7e-03  8.85e-03
  9   26  -5.761e+01  1.41e-04 1.41e-04 1.6e-02  1.8e+00  4.7e-03  8.63e-03
 10   28  -5.761e+01  2.42e-05 2.41e-05 3.2e-03  2.0e+00  9.4e-04  1.24e-02
 11   30  -5.761e+01  4.55e-05 4.54e-05 6.3e-03  2.0e+00  1.9e-03  1.18e-02
 12   32  -5.761e+01  8.24e-05 8.23e-05 1.3e-02  1.9e+00  3.8e-03  1.37e-02
 13   34  -5.761e+01  1.55e-05 1.55e-05 2.5e-03  2.0e+00  7.5e-04  1.26e-02
 14   36  -5.762e+01  3.07e-06 3.06e-06 5.1e-04  2.0e+00  1.5e-04  1.40e-02
 15   37  -5.762e+01  1.96e-05 1.92e-05 1.0e-03  2.0e+00  3.0e-04  1.39e-02
 16   38  -5.762e+01  3.00e-05 2.98e-05 2.0e-03  2.0e+00  6.0e-04  1.39e-02
 17   40  -5.762e+01  2.45e-06 2.45e-06 4.0e-04  2.0e+00  1.2e-04  1.39e-02
 18   42  -5.762e+01  5.15e-07 5.14e-07 8.1e-05  2.0e+00  2.4e-05  1.39e-02
 19   44  -5.762e+01  1.01e-06 1.01e-06 1.6e-04  2.0e+00  4.8e-05  1.39e-02
 20   46  -5.762e+01  2.41e-07 2.40e-07 3.2e-05  2.0e+00  9.6e-06  1.39e-02
 21   49  -5.762e+01  1.61e-06 1.61e-06 2.6e-04  2.0e+00  7.7e-05  1.39e-02
 22   53  -5.762e+01  6.02e-08 6.00e-08 4.9e-07  2.0e+00  1.5e-07  1.39e-02
```

8.4 GARCH

```
23  55 -5.762e+01  8.52e-08 8.52e-08  4.1e-06  2.1e+00  1.2e-06  1.39e-02
24  58 -5.762e+01  1.97e-08 1.97e-08  8.3e-08  7.5e+00  2.5e-08  1.39e-02
25  60 -5.762e+01  5.01e-08 5.00e-08  4.5e-07  2.0e+00  1.4e-07  1.39e-02
26  62 -5.762e+01  5.86e-08 5.86e-08  3.1e-06  2.0e+00  9.3e-07  1.39e-02
27  65 -5.762e+01  1.38e-08 1.38e-08  6.2e-08  8.9e+00  1.9e-08  1.39e-02
28  67 -5.762e+01  4.49e-08 4.49e-08  4.3e-07  2.0e+00  1.3e-07  1.39e-02
29  69 -5.762e+01  5.10e-08 5.10e-08  2.7e-06  2.0e+00  8.1e-07  1.39e-02
30  72 -5.762e+01  1.13e-08 1.13e-08  5.4e-08  9.5e+00  1.6e-08  1.39e-02
31  74 -5.762e+01  3.99e-08 3.99e-08  4.1e-07  2.0e+00  1.2e-07  1.39e-02
32  76 -5.762e+01  4.43e-08 4.43e-08  2.3e-06  2.0e+00  7.0e-07  1.39e-02
33  79 -5.762e+01  9.11e-09 9.11e-09  4.7e-08  1.0e+01  1.4e-08  1.39e-02
34  81 -5.762e+01  3.53e-08 3.53e-08  3.7e-07  2.0e+00  1.1e-07  1.39e-02
35  83 -5.762e+01  2.74e-08 2.74e-08  7.6e-07  7.9e+00  2.2e-07  1.39e-02
36  85 -5.762e+01  5.07e-09 5.07e-09  1.3e-07  3.5e+00  4.5e-08  1.39e-02
37  86 -5.762e+01  8.85e-09 8.85e-09  2.8e-07  2.9e+00  9.0e-08  1.39e-02
38  88 -5.762e+01  2.82e-09 2.82e-09  4.5e-08  4.4e+00  1.8e-08  1.39e-02
39  90 -5.762e+01  4.27e-09 4.26e-09  1.1e-07  2.0e+00  3.6e-08  1.39e-02
40  92 -5.762e+01  9.05e-10 9.05e-10  2.4e-08  7.3e+01  7.2e-09  1.39e-02
41  94 -5.762e+01  1.79e-09 1.79e-09  4.8e-08  1.9e+01  1.4e-08  1.39e-02
42  96 -5.762e+01  3.57e-10 3.57e-10  9.7e-09  2.6e+03  2.9e-09  1.39e-02
43  99 -5.762e+01  2.85e-09 2.85e-09  7.8e-08  1.1e+02  2.3e-08  1.39e-02
44 102 -5.762e+01  5.70e-11 5.70e-11  1.6e-09  3.7e+07  4.6e-10  1.39e-02
45 104 -5.762e+01  1.14e-11 1.14e-11  3.1e-10  2.2e+08  9.2e-11  1.37e-02
46 106 -5.762e+01  2.28e-11 2.28e-11  6.2e-10  2.8e+07  1.8e-10  1.37e-02
47 108 -5.762e+01  4.56e-11 4.56e-11  1.2e-09  1.4e+07  3.7e-10  1.37e-02
48 110 -5.762e+01  9.12e-12 9.12e-12  2.5e-10  2.9e+08  7.4e-11  1.37e-02
49 112 -5.762e+01  1.82e-12 1.82e-12  5.0e-11  1.5e+09  1.5e-11  1.36e-02
50 114 -5.762e+01  3.65e-13 3.65e-13  1.0e-11  7.4e+09  2.9e-12  1.36e-02
51 117 -5.762e+01  7.15e-15 7.30e-15  2.0e-13  3.7e+11  5.9e-14  1.36e-02
52 119 -5.762e+01  1.48e-14 1.46e-14  4.0e-13  4.6e+10  1.2e-13  1.37e-02
53 121 -5.762e+01  2.84e-15 2.92e-15  8.0e-14  9.2e+11  2.4e-14  1.37e-02
54 123 -5.762e+01  6.04e-15 5.84e-15  1.6e-13  1.2e+11  4.7e-14  1.36e-02
55 125 -5.762e+01  1.11e-15 1.17e-15  3.2e-14  2.3e+12  9.4e-15  1.37e-02
56 128 -5.762e+01  9.37e-15 9.34e-15  2.5e-13  7.2e+10  7.5e-14  1.35e-02
57 131 -5.762e+01  1.23e-16 1.87e-16  5.1e-15  1.4e+13  1.5e-15  1.37e-02
58 132 -5.762e+01 -1.74e+08 3.74e-16  1.0e-14  7.3e+12  3.0e-15  1.40e-02

***** FALSE CONVERGENCE *****

    FUNCTION     -5.761830e+01   RELDX        1.023e-14
    FUNC. EVALS      132         GRAD. EVALS      58
    PRELDF       3.736e-16       NPRELDF      1.404e-02

         I     FINAL X(I)       D(I)          G(I)
         1    1.332870e-04    1.000e+00    -5.236e-03
         2    1.478601e-01    1.000e+00    -7.136e+00
         3    2.992177e-17    1.000e+00     2.313e-01
```

```
> summary(jgdp2)

Call:
garch(x = diff(log(gdp.ts)), order = c(1, 1))

Model:
GARCH(1,1)

Residuals:
    Min      1Q  Median      3Q     Max
-3.0578 -0.2484  0.3095  0.5212  0.9525

Coefficient(s):
    Estimate  Std. Error  t value Pr(>|t|)
a0 1.333e-04   7.152e-04    0.186    0.852
a1 1.479e-01   1.515e-01    0.976    0.329
b1 3.002e-17   5.155e+00    0.000    1.000

Diagnostic Tests:
        Jarque Bera Test

data:  Residuals
X-squared = 9.6072, df = 2, p-value = 0.0082


        Box-Ljung test

data:  Squared.Residuals
X-squared = 2.1129, df = 1, p-value = 0.1461
```

ここで、以下のGATRCHモデル「GARCH(1,1)」が推定されたことになる。

$$\sigma_t^2 = 1.333 \times 10^{-4} + 1.479 \times 10^{-1} \epsilon_{t-1}^2 + 3.002 \times 10^{-17} \sigma_{t-1}^2$$

「summary」では、さらに以下のような情報が得られる。まず、Jarque Bera検定では、帰無仮説は「残差系列は正規分布に従う」となる。Box-Ljung検定では、帰無仮説は「残差の二乗に1次の相関がある」となる。なお、「ts.plot」によりGARCHモデルに関する各種情報のプロットも可能である。

ARCHやGARCHでは、次数の指定によっては正しい結果が得られない場合もあるので注意が必要である。

モデルの次数の決定では、**赤池情報量基準**（Akaike's information criterion：AIC）などが利用されている。赤池情報量基準は、モデルを理論値と観測値の残差により評価する統計量であり、小さいほど当てはまりがよいことになる。

赤池情報量基準 AIC は、以下のように定義される。

$$AIC = -2\log \hat{L} + 2n$$

ここで、$\log \hat{L}$ は推定されたパラメータの対数尤度を表わす。$GARCH(p,q)$ の場合、$n = p+q+1$ になる。なお、Rでは、AIC は「AIC」で求められる。

これまで解説してきた時系列モデルは規則性を持つものであるが、不規則に変動する時系列も存在する。そのような時系列のモデルの形式化には、**カオス理論**（chaos theory）が用いられる。カオス理論的な時系列モデルは本書のレベルを超えるので、ここでは省略する。

付録

数表

A.1 標準正規分布

標準正規分布表

x	.00	.01	.02	.03	.04	.05	.06	.07	.08	.09
0.0	.0000	.0040	.0080	.0120	.0160	.0199	.0239	.0279	.0319	.0359
0.1	.0398	.0438	.0478	.0517	.0557	.0596	.0636	.0675	.0714	.0753
0.2	.0793	.0832	.0871	.0910	.0948	.0987	.1026	.1064	.1103	.1141
0.3	.1179	.1217	.1255	.1293	.1331	.1368	.1406	.1443	.1480	.1517
0.4	.1554	.1591	.1628	.1664	.1700	.1736	.1772	.1808	.1844	.1879
0.5	.1915	.1950	.1985	.2019	.2054	.2088	.2123	.2157	.2190	.2224
0.6	.2257	.2291	.2324	.2357	.2389	.2422	.2454	.2486	.2517	.2549
0.7	.2580	.2611	.2642	.2673	.2704	.2734	.2764	.2794	.2823	.2852
0.8	.2881	.2910	.2939	.2967	.2995	.3023	.3051	.3078	.3106	.3133
0.9	.3159	.3186	.3212	.3238	.3264	.3289	.3315	.3340	.3365	.3389
1.0	.3413	.3438	.3461	.3485	.3508	.3531	.3554	.3577	.3599	.3621
1.1	.3643	.3665	.3686	.3708	.3729	.3749	.3770	.3790	.3810	.3830
1.2	.3849	.3869	.3888	.3907	.3925	.3944	.3962	.3980	.3997	.4015
1.3	.4032	.4049	.4066	.4082	.4099	.4115	.4131	.4147	.4162	.4177
1.4	.4192	.4207	.4222	.4236	.4251	.4265	.4279	.4292	.4306	.4319
1.5	.4332	.4345	.4357	.4370	.4382	.4394	.4406	.4418	.4429	.4441
1.6	.4452	.4463	.4474	.4484	.4495	.4505	.4515	.4525	.4535	.4545
1.7	.4554	.4564	.4573	.4582	.4591	.4599	.4608	.4616	.4625	.4633
1.8	.4641	.4649	.4656	.4664	.4671	.4678	.4686	.4693	.4699	.4706
1.9	.4713	.4719	.4726	.4732	.4738	.4744	.4750	.4756	.4761	.4767
2.0	.4772	.4778	.4783	.4788	.4793	.4798	.4803	.4808	.4812	.4817
2.1	.4821	.4826	.4830	.4834	.4838	.4842	.4846	.4850	.4854	.4857
2.2	.4861	.4864	.4868	.4871	.4875	.4878	.4881	.4884	.4887	.4890
2.3	.4893	.4896	.4898	.4901	.4904	.4906	.4909	.4911	.4913	.4916
2.4	.4918	.4920	.4922	.4925	.4927	.4929	.4931	.4932	.4934	.4936
2.5	.4938	.4940	.4941	.4943	.4945	.4946	.4948	.4949	.4951	.4952
2.6	.4953	.4955	.4956	.4957	.4959	.4960	.4961	.4962	.4963	.4964
2.7	.4965	.4966	.4967	.4968	.4969	.4970	.4971	.4972	.4973	.4974
2.8	.4974	.4975	.4976	.4977	.4977	.4978	.4979	.4979	.4980	.4981
2.9	.4981	.4982	.4982	.4983	.4984	.4984	.4985	.4985	.4986	.4986
3.0	.4987	.4987	.4987	.4988	.4988	.4989	.4989	.4989	.4990	.4990

では、標準正規分布表の見方を説明する。標準正規分布表は、

$$z \to I(z) = \int_0^z \frac{1}{\sqrt{2\pi}} e^{-\frac{x^2}{2}} dx$$

の表である。z に対して、→ の右側の値が書かれている。付図1のグラフは、標準正規分布の確率密度関数

$$y = \frac{1}{\sqrt{2\pi}} e^{-\frac{x^2}{2}}$$

のグラフである。ここで、塗りつぶしの部分は値 z に対する確率を表わしている。

たとえば、$z=1.96$ に対応する確率を求める場合、まず標準正規分布表の「1.9」の行を見る。次に「0.06」の列を見る。この値は「0.4750」となっており、それが求める確率である。

標準正規分布のグラフは左右対称であり、右半分と左半分がそれぞれ50％の確率を表わしている。よって、右半分の塗りつぶしでない部分の確率は「0.5－0.4750＝0.025」、すなわち2.5％になる。つまり、1.96は5％の半分である2.5％に対応する x を意味している。したがって、信頼度95％の推定や検定では値1.96が用いられる。同様に、信頼度99％では値2.58が用いられる。なお、別の形の標準正規分布表もある。

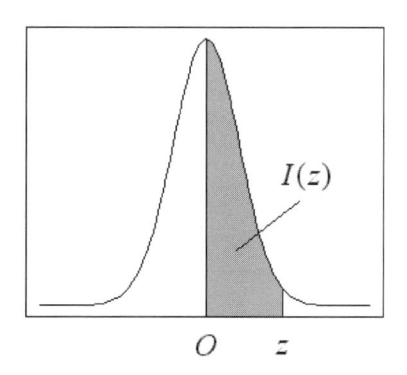

付図1　標準正規分布表の原理

Rでは、標準正規分布に関する確率は「pnorm」で計算される。すなわち、「pnorm(x)」は「x」より左側の面積（累積確率）を計算する。

```
> pnorm(0)
[1] 0.5
> pnorm(-1.96)
[1] 0.02499790
> pnorm(1.96)
[1] 0.9750021
> qnorm(0.975)
[1] 1.959964
> 1-pnorm(1.96)
[1] 0.02499790
> pnorm(1.96,lower.tail=FALSE)
[1] 0.02499790
```

　標準正規分布のグラフは左右対称であるので、「pnorm(0)=0.5」は当たり前である。「pnorm(-1.96)」は、「x=1.96」を満足する累積確率が2.5%であることを表わしている。また「pnorm(1.96)」は、「z<1.96」を満足する累積確率が97.5%であることを表わしている。

　「qnorm(p)」によって、「pnorm(x)=p」を満足する「p」から「x」を求めることができる。なお、付図1の右半分の塗りつぶしていない部分の確率は、「1-pnorm(x)」または「pnorm(x,lower.tail=FALSE)」によって求められる。

A.2　t分布

　標本平均を$\bar{x}$とし、標本分散をu、母平均をm、データ数をnとし、

$$t = \frac{\bar{x} - m}{\sqrt{u/n}}$$

とすると、t分布の確率密度関数は、

$$f_\phi(t) = \frac{\Gamma((\phi+1)/2)}{\Gamma(\phi/2)\sqrt{\pi\phi}}$$

A.2 t分布

で定義される。ただし、$\phi = n-1$は自由度を表わし、ΓはΓ関数を表わす。

t分布表

自由度 (ϕ)	有意水準 2α(両側) / α(片側)			
	0.1/0.05	0.05/0.025	0.02/0.01	0.01/0.005
1	6.31	12.71	31.82	63.66
2	2.92	4.30	6.92	9.92
3	2.35	3.18	4.54	5.84
4	2.13	2.78	3.75	4.60
5	2.02	2.57	3.36	4.03
6	1.94	2.45	3.14	3.71
7	1.89	2.36	3.00	3.50
8	1.86	2.31	2.90	3.36
9	1.83	2.26	2.82	3.25
10	1.81	2.23	2.76	3.17
11	1.80	2.20	2.72	3.11
12	1.78	2.18	2.68	3.05
13	1.77	2.16	2.65	3.01
14	1.76	2.14	2.62	2.98
15	1.75	2.13	2.60	2.95
16	1.75	2.12	2.58	2.92
17	1.74	2.11	2.57	2.90
18	1.73	2.10	2.55	2.88
19	1.73	2.09	2.54	2.86
20	1.72	2.09	2.53	2.85
21	1.72	2.08	2.52	2.83
22	1.72	2.07	2.51	2.82
23	1.71	2.07	2.50	2.81
24	1.71	2.06	2.49	2.80
25	1.71	2.06	2.49	2.79
26	1.71	2.06	2.48	2.78
27	1.70	2.05	2.47	2.77
28	1.70	2.05	2.47	2.76
29	1.70	2.05	2.46	2.76
30	1.70	2.04	2.46	2.75
40	1.68	2.02	2.42	2.70
60	1.67	2.00	2.39	2.66
120	1.66	1.98	2.36	2.62
240	1.65	1.97	2.34	2.60
∞	1.64	1.96	2.33	2.58

付録　数表

　t 分布表は、$f_\phi(t)$ についての以下の積分値が α となるとき t 値（片側確率および両側確率）を記したものである。すなわち、

$$\alpha \to t_\phi(\alpha)$$

であり、$100 \times \alpha$ ％点の $t_\phi(\alpha)$ を表にしている。

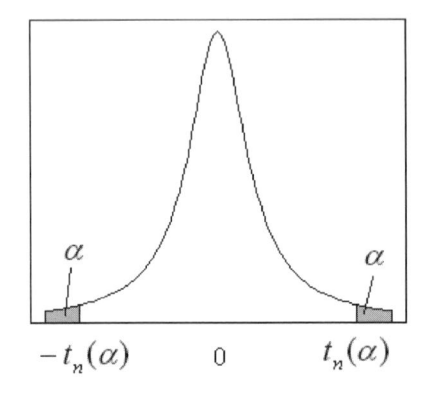

付図2　t分布表の原理

　Rでは、$t_{df}(\alpha)$ は「qt(a,df,lower.tail=FALSE)」によって計算される（片側確率）。

```
> qt(0.05,1,lower.tail=FALSE)
[1] 6.313752
> qt(0.025,2,lower.tail=FALSE)
[1] 4.302653
```

A.3 χ^2分布

χ^2分布表は、$\chi^2_\phi(t)$について以下の積分値がαになるときの$\chi^2_\phi(\alpha)$値（片側確率および両側確率）を記したものである。

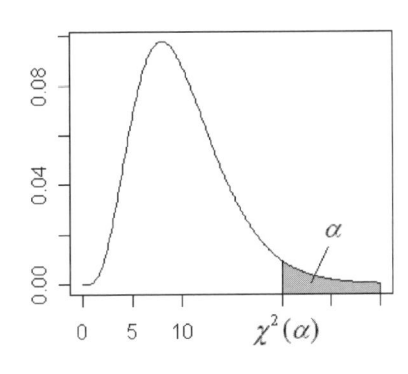

付図3 　χ^2分布表の原理

Rでは、$\chi^2_\phi(\alpha)$は「qchisq(a,df,lower.tail=FALSE)」によって計算される。

```
> qchisq(0.995,4,lower.tail=FALSE)
[1] 0.2069891
> qchisq(0.01,100,lower.tail=FALSE)
[1] 135.8067
> qchisq(0.005,90,lower.tail=FALSE)
[1] 128.2989
```

χ^2分布表

自由度 (ϕ)	有意水準 (α)					
	0.995	0.975	0.05	0.025	0.01	0.005
1	0.000039	0.00098	3.8415	5.0239	6.6349	7.8794
2	0.01003	0.05064	5.9915	7.3778	9.2103	10.5966
3	0.07172	0.2158	7.8147	9.3484	11.3449	12.8382
4	0.2070	0.4844	9.4877	11.1433	13.2767	14.8603
5	0.4117	0.8312	11.0705	12.8325	15.0863	16.7496
6	0.6757	1.2373	12.5916	14.4494	16.8119	18.5476
7	0.9893	1.6899	14.0671	16.0128	18.4753	20.2777
8	1.3444	2.1797	15.5073	17.5345	20.0902	21.9550
9	1.7349	2.7004	16.9190	19.0228	21.6660	23.5894
10	2.1559	3.2470	18.3070	20.4832	23.2093	25.1882
11	2.6032	3.8157	19.6751	21.9200	24.7250	26.7568
12	3.0738	4.4038	21.0261	23.3367	26.2170	28.2995
13	3.5650	5.0088	22.3620	24.7356	27.6882	29.8195
14	4.0747	5.6287	23.6848	26.1189	29.1412	31.3193
15	4.6009	6.2621	24.9958	27.4884	30.5779	32.8013
16	5.1422	6.9077	26.2962	28.8454	31.9999	34.2672
17	5.6972	7.5642	27.5871	30.1910	33.4087	35.7185
18	6.2648	8.2307	28.8693	31.5264	34.8053	37.1565
19	6.8440	8.9065	30.1435	32.8523	36.1909	38.5823
20	7.4338	9.5908	31.4104	34.1696	37.5662	39.9968
30	13.7867	16.7908	43.7730	46.9792	50.8922	53.6720
40	20.7065	24.4330	55.7585	59.3417	63.6907	66.7660
50	27.9907	32.3574	67.5048	71.4202	76.1539	79.4900
60	35.5345	40.4817	79.0819	83.2977	88.3794	91.9517
70	43.2752	48.7576	90.5312	95.0232	100.4252	104.2149
80	51.1719	57.1532	101.8795	106.6286	112.3288	116.3211
90	59.1963	65.6466	113.1453	118.1359	124.1163	128.2989
100	67.3276	74.2219	124.3421	129.5612	135.8067	140.1695

A.4 F分布

F 分布表は、

$$m, n \to \lambda = F_n^m(\alpha)$$

を表にしたものである。

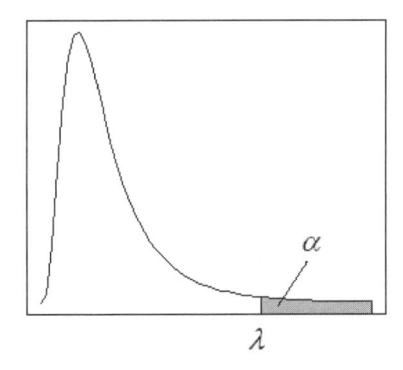

付図4　F分布表の原理

すなわち、$\alpha = P(F > \lambda)$ になるパーセント点を求めるための表である。
Rでは、$F_n^m(\alpha)$ は「qf(a,m,n,lower.tail=FALSE)」で計算される。

```
> qf(0.05,2,2,lower.tail=FALSE)
[1] 19
> qf(0.05,9,9,lower.tail=FALSE)
[1] 3.178893
> qf(0.01,2,3,lower.tail=FALSE)
[1] 30.81652
> qf(0.01,30,40,lower.tail=FALSE)
[1] 2.203382
```

F分布表 ($\alpha = 0.05$)

$n \backslash m$	1	2	3	4	5	6	7	8
1	161.4	199.5	215.7	224.6	230.2	234.0	236.8	238.9
2	18.51	19.00	19.16	19.25	19.30	19.33	19.35	19.40
3	10.13	9.55	9.28	9.12	9.01	8.94	8.89	8.85
4	7.71	6.94	6.59	6.39	6.26	6.16	6.09	6.04
5	6.61	5.79	5.41	5.19	5.05	4.95	4.88	4.82
6	5.99	5.14	4.76	4.53	4.39	4.28	4.21	4.15
7	5.59	4.74	4.35	4.12	3.97	3.87	3.79	3.73
8	5.32	4.46	4.07	3.84	3.69	3.58	3.50	3.44
9	5.12	4.26	3.86	3.63	3.48	3.37	3.29	3.23
10	4.96	4.10	3.71	3.48	3.33	3.22	3.14	3.07
11	4.84	3.98	3.59	3.36	3.20	3.09	3.01	2.95
12	4.75	3.89	3.49	3.26	3.11	3.00	2.91	2.85
13	4.67	3.81	3.41	3.18	3.03	2.92	2.83	2.77
14	4.60	3.74	3.34	3.11	2.96	2.85	2.76	2.70
15	4.54	3.68	3.29	3.06	2.90	2.79	2.71	2.64
16	4.49	3.63	3.24	3.01	2.85	2.74	2.66	2.59
17	4.45	3.59	3.20	2.96	2.81	2.70	2.61	2.55
18	4.41	3.55	3.16	2.93	2.77	2.66	2.58	2.51
19	4.38	3.52	3.13	2.90	2.74	2.63	2.54	2.48
20	4.35	3.49	3.10	2.87	2.71	2.60	2.51	2.45
21	4.32	3.47	3.07	2.84	2.68	2.57	2.49	2.42
22	4.30	3.44	3.05	2.82	2.66	2.55	2.46	2.40
23	4.28	3.42	3.03	2.80	2.64	2.53	2.44	2.37
24	4.26	3.40	3.01	2.78	2.62	2.51	2.42	2.36
25	4.24	3.39	2.99	2.76	2.60	2.49	2.40	2.34
26	4.23	3.37	2.98	2.74	2.59	2.47	2.39	2.32
27	4.21	3.35	2.96	2.73	2.57	2.46	2.37	2.31
28	4.20	3.34	2.95	2.71	2.56	2.45	2.36	2.29
29	4.18	3.33	2.93	2.70	2.55	2.43	2.35	2.28
30	4.17	3.32	2.92	2.69	2.53	2.42	2.33	2.27
40	4.08	3.23	2.84	2.61	2.45	2.34	2.25	2.18
60	4.00	3.15	2.76	2.53	2.37	2.25	2.17	2.10
120	3.92	3.07	2.68	2.45	2.29	2.18	2.09	2.02
∞	3.84	3.00	2.60	2.37	2.21	2.10	2.01	1.94

A.4 F分布

F分布表 ($\alpha = 0.05$)

$n \setminus m$	9	10	11	12	15	20	30	∞
1	240.5	241.9	243.0	243.9	245.9	248.0	250.1	254.3
2	19.40	19.41	19.43	19.45	19.46	19.50	19.50	19.50
3	8.81	8.79	8.76	8.74	8.70	8.66	8.62	8.53
4	6.00	5.96	5.94	5.91	5.86	5.80	5.75	5.63
5	4.77	4.74	4.70	4.68	4.62	4.56	4.50	4.36
6	4.10	4.06	4.03	4.00	3.94	3.87	3.81	3.67
7	3.68	3.64	3.60	3.57	3.51	3.44	3.38	3.23
8	3.39	3.35	3.31	3.28	3.22	3.15	3.08	2.93
9	3.18	3.14	3.10	3.07	3.01	2.94	2.86	2.71
10	3.02	2.98	2.94	2.91	2.85	2.77	2.70	2.54
11	2.90	2.85	2.82	2.79	2.72	2.65	2.57	2.40
12	2.80	2.75	2.72	2.69	2.62	2.54	2.47	2.30
13	2.71	2.67	2.63	2.60	2.53	2.46	2.38	2.21
14	2.65	2.60	2.57	2.53	2.46	2.39	2.31	2.13
15	2.59	2.54	2.51	2.48	2.40	2.33	2.25	2.07
16	2.54	2.49	2.46	2.42	2.35	2.28	2.19	2.01
17	2.49	2.45	2.41	2.38	2.31	2.23	2.15	1.96
18	2.46	2.41	2.37	2.34	2.27	2.19	2.11	1.92
19	2.42	2.38	2.34	2.31	2.23	2.16	2.07	1.88
20	2.39	2.35	2.31	2.28	2.20	2.12	2.04	1.84
21	2.37	2.32	2.28	2.25	2.18	2.10	2.01	1.81
22	2.34	2.30	2.26	2.23	2.15	2.07	1.98	1.78
23	2.32	2.27	2.24	2.20	2.13	2.05	1.96	1.76
24	2.30	2.25	2.22	2.18	2.11	2.03	1.94	1.73
25	2.28	2.24	2.20	2.16	2.09	2.01	1.92	1.71
26	2.27	2.22	2.18	2.15	2.07	1.99	1.90	1.69
27	2.25	2.20	2.17	2.13	2.06	1.97	1.88	1.67
28	2.24	2.19	2.15	2.12	2.04	1.96	1.87	1.65
29	2.22	2.18	2.14	2.10	2.03	1.94	1.85	1.64
30	2.21	2.16	2.13	2.09	2.01	1.93	1.84	1.62
40	2.12	2.08	2.04	2.00	1.92	1.84	1.74	1.51
60	2.04	1.99	1.95	1.92	1.84	1.75	1.65	1.39
120	1.96	1.91	1.87	1.83	1.75	1.66	1.55	1.25
∞	1.88	1.83	1.79	1.75	1.67	1.57	1.46	1.00

F分布表 ($\alpha = 0.01$)

$n \backslash m$	1	2	3	4	5	6	7	8
1	4052	4999	5403	5625	5764	5859	5928	5981
2	98.50	99.00	99.17	99.25	99.30	99.33	99.36	99.37
3	34.12	30.82	29.46	28.71	28.24	27.91	27.67	27.49
4	21.20	18.00	16.69	15.98	15.52	15.21	14.98	14.80
5	16.26	13.27	12.06	11.39	10.97	10.67	10.46	10.29
6	13.75	10.92	9.78	9.15	8.75	8.47	8.26	8.10
7	12.25	9.55	8.45	7.85	7.46	7.19	6.99	6.84
8	11.26	8.65	7.59	7.01	6.63	6.37	6.18	6.03
9	10.56	8.02	6.99	6.42	6.06	5.80	5.61	5.47
10	10.04	7.56	6.55	5.99	5.64	5.39	5.20	5.06
11	9.65	7.21	6.22	5.67	5.32	5.07	4.89	4.74
12	9.33	6.93	5.95	5.41	5.06	4.82	4.64	4.50
13	9.07	6.70	5.74	5.21	4.86	4.62	4.44	4.30
14	8.86	6.51	5.56	5.04	4.69	4.46	4.28	4.14
15	8.68	6.36	5.42	4.89	4.56	4.32	4.14	4.00
16	8.53	6.23	5.29	4.77	4.44	4.20	4.03	3.89
17	8.40	6.11	5.18	4.67	4.34	4.10	3.93	3.79
18	8.29	6.01	5.09	4.58	4.25	4.01	3.84	3.71
19	8.18	5.93	5.01	4.50	4.17	3.94	3.77	3.63
20	8.10	5.85	4.94	4.43	4.10	3.87	3.70	3.56
21	8.02	5.78	4.87	4.37	4.04	3.81	3.64	3.51
22	7.95	5.72	4.82	4.31	3.99	3.76	3.59	3.45
23	7.88	5.66	4.76	4.26	3.94	3.71	3.54	3.41
24	7.82	5.61	4.72	4.22	3.90	3.67	3.50	3.36
25	7.77	5.57	4.68	4.18	3.85	3.63	3.46	3.32
26	7.72	5.53	4.64	4.14	3.82	3.59	3.42	3.29
27	7.68	5.49	4.60	4.11	3.78	3.56	3.39	3.26
28	7.64	5.45	4.57	4.07	3.75	3.53	3.36	3.23
29	7.60	5.42	4.54	4.04	3.73	3.50	3.33	3.20
30	7.56	5.39	4.51	4.02	3.70	3.47	3.30	3.17
40	7.31	5.18	4.31	3.83	3.51	3.29	3.12	2.99
60	7.08	4.98	4.13	3.65	3.34	3.12	2.95	2.82
120	6.85	4.79	3.95	3.48	3.17	2.96	2.79	2.66
∞	6.63	4.61	3.78	3.32	3.02	2.80	2.64	2.51

F分布表 ($\alpha = 0.01$)

$n \backslash m$	9	10	11	12	15	20	30	∞
1	6022	6056	6083	6106	6157	6209	6261	6366
2	99.39	99.40	99.41	99.42	99.43	99.45	99.47	99.50
3	27.35	27.23	27.13	27.05	26.87	26.69	26.50	26.13
4	14.66	14.55	14.45	14.37	14.20	14.02	13.84	13.46
5	10.16	10.05	9.96	9.89	9.72	9.55	9.38	9.02
6	7.98	7.87	7.79	7.72	7.56	7.40	7.23	6.88
7	6.72	6.62	6.54	6.47	6.31	6.16	5.99	5.65
8	5.91	5.81	5.73	5.67	5.52	5.36	5.20	4.86
9	5.35	5.26	5.18	5.11	4.96	4.81	4.65	4.31
10	4.94	4.85	4.77	4.71	4.56	4.41	4.25	3.91
11	4.63	4.54	4.46	4.40	4.25	4.10	3.94	3.60
12	4.39	4.30	4.22	4.16	4.01	3.86	3.70	3.36
13	4.19	4.10	4.02	3.96	3.82	3.66	3.51	3.17
14	4.03	3.94	3.86	3.80	3.66	3.51	3.35	3.00
15	3.89	3.80	3.73	3.67	3.52	3.37	3.21	2.87
16	3.78	3.69	3.62	3.55	3.41	3.26	3.10	2.75
17	3.68	3.59	3.52	3.46	3.31	3.16	3.00	2.65
18	3.60	3.51	3.43	3.37	3.23	3.08	2.92	2.57
19	3.52	3.43	3.36	3.30	3.15	3.00	2.84	2.49
20	3.46	3.37	3.29	3.23	3.09	2.94	2.78	2.42
21	3.40	3.31	3.24	3.17	3.03	2.88	2.72	2.36
22	3.35	3.26	3.18	3.12	2.98	2.83	2.67	2.31
23	3.30	3.21	3.14	3.07	2.93	2.78	2.62	2.26
24	3.26	3.17	3.09	3.03	2.89	2.74	2.58	2.21
25	3.22	3.13	3.06	2.99	2.85	2.70	2.54	2.17
26	3.18	3.09	3.02	2.96	2.81	2.66	2.50	2.13
27	3.15	3.06	2.99	2.93	2.78	2.63	2.47	2.10
28	3.12	3.03	2.96	2.90	2.75	2.60	2.44	2.06
29	3.09	3.00	2.93	2.87	2.73	2.57	2.41	2.03
30	3.07	2.98	2.91	2.84	2.70	2.55	2.39	2.01
40	2.89	2.80	2.73	2.66	2.52	2.37	2.20	1.80
60	2.72	2.63	2.56	2.50	2.35	2.20	2.03	1.60
120	2.56	2.47	2.40	2.34	2.19	2.03	1.86	1.38
∞	2.41	2.32	2.25	2.18	2.04	1.88	1.70	1.00

さくいん

【記号・数字】

-	20、26、29
!	55、140
%%	20
%*%	26、29
%/%	20
&	140
&&	55
*	20、26
/	20
?	20
^	20
|	140
||	55
+	20、26、29
=	24
χ^2分布	120
1次従属	166
1次独立	166
5数要約	100

【A・B・C】

abline	155
abs	22
acf	182
acos	22
AIC	199
ar	187
AR	178、180
ARCH	178、193
arima	191
ARIMA	178、190
ARMA	178、189
asin	22
atan	22
barplot	52
boxplot	50
break	57
ceiling	21
cor	105
cor.test	105
cos	22
cosh	22
CSVファイル	60
cummax	25
cummin	25
cumprod	25
cumsum	25
curve	40

【D・E・F】

D	32
data.frame	37、170
dbinom	73
density	88
deriv	32
dev.off	42
diff	182、195
dnorm	76
dpois	75

dt	117	max	25
dunif	77	mean	25、38、94
eigen	30	median	38、95
exp	22	min	25
factorial	59	NA	27
fivenum	100	next	57
floor	21	NROW	95
for	56		
function	58		
F分布	141		

【G・H・I】　　　　　　　　**【P・Q・R】**

gamma	22	pi	22
garch	195	pie	54
GARCH	178、193	plot	40
garchFit	195	plot.lm	174
GDP	183	png	42
GNUプロジェクト	4	pnorm	203
GPL	4	postscript	42
help	20	predict	188
hist	44、87	print	56、155
if	55	prod	24
ifelse	60	prop.test	125
integrate	32	p値	127
intersect	26	qchisq	123、207
IQR	97	qf	209
		qnorm	116、204
		qqline	91
		qqnorm	91
		qt	206
		quantile	97

【L・M・N】

lag	182	R	3
length	95	R Console	13、14
lines	88、155、157	R Editor	14
lm	155	range	25、38、99
log	22	rbinom	89
log10	22	read.csv	61
log2	22	read.table	62
MA	178、189	rep	26
main	40	repeat	57
matrix	28	return	58

215

rev	26	**【V・W・X・Y】**	
RGui	13	var	25、98
rnorm	44、87	var.test	145
round	21	while	57
runif	36、90	write	61
Rファイル	15	write.table	63
		xlab	40
【S・T・U】		xor	55、140
S	4	ylab	40
scan	39、56	**【あ】**	
sd	25、99	赤池情報量基準	199
seq	39、40、73	一様分布	77
set.seed	90	一様乱数	36、86
setdiff	26	移動平均	179
sign	22	因果関係	103
sin	22	上ヒンジ値	100
sinh	22	円グラフ	54
solve	30、31	エンゲル関数	154
sort	36		
spec.pgram	182	**【か】**	
spectrum	183	回帰診断図	174
aqrt	22	回帰分析	3、148
stats	182	回帰変動	159
stem	52	階乗	72
sum	24	階数	166
summary	155、160	カオス理論	199
t.test	119、134、137	撹乱項	149
tan	22	確率	66
tanh	22	確率空間	67
trunc	21	確率分布	69
ts	182	確率変数	69
ts.plot	182	確率密度関数	70
tseries	194	下限値	113
type	40	仮説	127
t分布	116	片側検定	128
union	26	片対数グラフ	46
unlist	35	傾き	152

索引

加法性	67
加法定理	67
ガンマ関数	117
危険率	127
記述統計学	2
擬似乱数	86
基本統計量	3、94
帰無仮説	127
逆行列	30
共通集合	26、66
共分散行列	166
行列	27
空事象	66
空集合	66
区間推定	113
組合せ	72
グラフィックス	39
繰り返し	55
経済モデル	148
計量経済学	148
計量モデル	148
結合集合	26、66
決定係数	159
検定	3、127
公理	66
固有値	30
固有ベクトル	30
コレログラム	182
混合合同法	86
コンドラチェフの波	179

【さ】

再帰呼び出し	59
最小値	25
最小二乗法	150
最大値	25
最頻値	95
差集合	26
残差	152
残差変動	159
算術平均	94
散布度	94
シード	86
時系列オブジェクト	182
時系列データ	178
時系列分析	3、178
時系列モデル	178
試行	66
自己回帰係数	187
自己共分散関数	181
自己相関関数	181
事象	66
次数	187
下ヒンジ値	100
実現値	110
四分位偏差	96
シミュレーション	86
重回帰分析	148、164
重相関係数	173
従属変数	149
上限値	113
条件付確率	68
条件判定	55
乗法定理	68
信頼区間	113
信頼係数	113
推測統計学	2
推定	3、113
推定量	113
数列	39
スペクトル	181
スペクトル分析	181
正規Q-Qプロット	91
正規分布	76
正規方程式	151
正規母集団	112

正規乱数	86	度数分布表	44、87
積	24	トレンド	178
積事象	66		
積率相関係数	103	**【な】**	
切片	152	内積	26
線形回帰モデル	149	二項分布	72
全数調査	110	ノイズ	178
尖度	101		
相関関係	102	**【は】**	
相関係数	103	葉	51
相関図	102	排反	66
相関表	102	排反事象	66
総変動	159	配列	28
ソート	36	パーセンタイル	96
		パワースペクトル密度関数	181
【た】		範囲	99
第一種の誤り	127	ヒストグラム	44、87
対数グラフ	46	非定常時系列	180
第二種の誤り	127	非復元抽出	110
代表値	94	標準正規分布	76
対立仮説	127	標準線形回帰モデル	150
多項式回帰分析	148	標準偏差	69、99
多次元正規分布	165	標本	110
多変量回帰モデル	164	標本調査	110
単回帰分析	148	標本の大きさ	110
中央値	95	標本分散	111
中心極限定理	112	標本分布	111
調整済み決定係数	160	標本平均	111
定常時系列	180	標本変量	111
データ・フレーム	37、170	ピリオドグラム	182
データベクトル	15	比率	124
点推定	113	ファイル	60
統計学	2	フーリエ変換	181
統計分析	2	復元抽出	110
統計量	111	不偏推定量	113
独立	68	不偏分散	98、111
独立変数	149	プログラミング	55
度数分布	44、87	分散	69、98

索引

分布関数 ………………………… 71
平均 ………………………… 94、180
平均値 ………………………… 69
平方採中法 ………………………… 86
ベータ関数 ………………………… 142
ベルヌーイ試行 ………………………… 72
ヘルプ ………………………… 19
偏差 ………………………… 99
偏差平方和 ………………………… 98
変動係数 ………………………… 99
ポアソン分布 ………………………… 74
棒グラフ ………………………… 52
補集合 ………………………… 66
母集団 ………………………… 110
母数 ………………………… 110
ボックス・プロット ………………………… 50
母分散 ………………………… 110
母平均 ………………………… 110
ボレル集合体 ………………………… 67

【ま】

幹 ………………………… 51
幹一葉グラフ ………………………… 51
密度評価 ………………………… 88
無限母集団 ………………………… 110
無作為抽出 ………………………… 110
モデル式 ………………………… 80、155
モンテ・カルロ法 ………………………… 86

【や】

有意抽出 ………………………… 110
有限母集団 ………………………… 110
余事象 ………………………… 66

【ら】

ラグ ………………………… 181
乱数 ………………………… 86
離散確率変数 ………………………… 69

リスト ………………………… 34
両側検定 ………………………… 128
両対数グラフ ………………………… 46
連続確率変数 ………………………… 69

【わ】

和 ………………………… 24
歪度 ………………………… 101
和事象 ………………………… 66

■ 参考文献

赤間世紀："やさしい線形代数学", 槙書店, 2001.

赤間世紀："Octave 教科書", 工学社, 2007.

赤間世紀："R で学ぶ計量経済学", 工学社, 2010.

Bollerslev, T. : Generalized autoregressive conditional heteroskedaticity, *Journal of Econometrics* 31, 307-327, 1986.

Box, G. and Jenkins, G. : Time Series Analysis: F*orecasting and Control*,Revised Edition, Hoden-Day, 1976.

Engle, R. : Autoregressive conditional heteroscedasticity with estimate of the variances of United Kingdom Inflation, *Econometrica*, 50, 987-1007, 1982.

Geweke, J. : Bayesian inference in econometric model using Monte Carlo integration, *Econometrica*, 57, 1317-39, 1989.

Hamilton, J. : A new approach to the economic analysis of nonstationary time series and the business cycle, *Econometrica*, 57, 357-84, 1989.

Hill, A.B. : The environment and diseases: association and causation," *Proc. of the Royal Society of Medicine*, 58, 295-300, 1965.

Juglar, C : *Des Crises Commerciales et de Leus Petour Periodique en France, en Angleterre et aux Etats-Unis*, Guillaumin, 1862.

Kuznets, S. : *Secular Movements in Production and Prices*, Houghton Mifflin, 1930.

Kolmogorov, A.N. : *Grundbegriffe der Wahrscheinlichkeitrechnung*, Springer, 1933.（コルモゴロフ, A.H., "確率論の基礎概念", 根本信司訳, 東京図書, 1975）

Kondratiev, N. : The long waves in economic life, *Review of Economic Statistics*, 17, 105-115, 1935.

Samuelson, P. : *Economics*, McGraw-Hill, 1948.（都留重人（訳），"経済学（上・下）", 岩波書店, 1974）.

Stock, J. and Watson, M. : *Introduction to Econometrics*, 2nd edition, Addison Wesley, 2006.

Zeileis, A. and Koenker, R. : Econometrics in R: past, present, and future, *Journal of Statistical Sfotware* **27**, pp. 1-5, 2008.

■ 著者略歴
赤間 世紀（あかま せいき）

1984年	東京理科大学理工学部経営工学科卒業
同年	富士通株式会社入社
1990年	工学博士（慶應義塾大学）
1993～2006年	帝京平成大学情報システム学科講師
2006年～	シー・リパブリックアドバイザー
2008～2010年	筑波大学大学院システム情報工学研究科客員教授

■ 主な著書
システム設計教科書（2011, 工学社）
セマンティック・ウェブ入門（2011, カットシステム）
はじめての「C#」グラフィックス（2011, 工学社）
Maximaで学ぶ微分積分（2011, 工学社）

やさしいR入門
初歩から学ぶR ー 統計分析 ー

2011年6月10日　初版第1刷発行
2014年3月10日　　　　第2刷発行

著　者	赤間 世紀
発行人	石塚 勝敏
発　行	株式会社 カットシステム
	〒169-0073 東京都新宿区百人町4-9-7　新宿ユーエストビル8F
	TEL　(03)5348-3850　FAX　(03)5348-3851
	URL　http://www.cutt.co.jp/
	振替　00130-6-17174
印　刷	シナノ書籍印刷 株式会社

本書の内容の一部あるいは全部を無断で複写複製(コピー・電子入力)することは、法律で認められた場合を除き、著作者および出版者の権利の侵害になりますので、その場合はあらかじめ小社あてに許諾をお求めください。

本書に関するご意見、ご質問は小社出版部宛まで文書か、sales@cutt.co.jp宛にe-mailでお送りください。電話によるお問い合わせはご遠慮ください。また、本書の内容を超えるご質問にはお答えできませんので、あらかじめご了承ください。

Cover design　Y.Yamaguchi　　　　　　　　　　Copyright©2011　赤間 世紀
Printed in Japan　ISBN978-4-87783-269-8